KB275100

살림 감각을 높여 주는
생활의 지혜 888

주부의 벗사 편집팀 | 최수진 옮김

아카데미북

옮긴이 | 최수진

이화여대 철학과를 졸업한 뒤 명지대 번역 작가 양성 과정을 수료했다.
현재 일본어 번역프리랜서로 활동중이다.
옮긴 책으로는 판타지 라이브러리 《몬스터 퇴치》, 《영웅열전》, 《신검전설 II》, 《끝까진 듣는 사람 끝
까지 말하는 사람》(이상 들녘), 《인터넷 비즈니스 백서 2000》(중앙 M&B), 《할 수 있다! 윈도2000》 시리
즈, 《홈페이지에 바로 활용하는 Java Script》(이상 영진.com), 《워드 2002 기획과 실전》(교학사), 《우리
집 수납정리》, 《초보자의 채소 가꾸기》, 《곤도 노리코의 수납이 잘된 집》(이상 아카데미북) 등이 있다.

살림 감각을 높여 주는
생활의 지혜 888

초판 1쇄 발행 | 2005년 12월 15일
초판 4쇄 발행 | 2009년 12월 10일

지은이 | 主婦の友社 편집팀
옮긴이 | 최수진
펴낸이 | 양동현

펴낸곳 | 도서출판 아카데미북
출판등록 | 제13-493호
주소 | 서울 성북구 동소문동4가 124-2
대표전화 | 02) 927-2345 팩시밀리 | 02) 927-3199
이메일 | academy@academy-book.co.kr

ISBN 89-5681-047-8 / 13590

잘못 만들어진 책은 구입한 곳에서 바꾸어 드립니다.

매일 적지 않은 시간을 들이게 되는 잡다한 집안일.

"아~ 지겨워.", "정말 따분해." 이런 비명이 들려오는 것만 같다.

그러나 이런 반복적인 일상 속에서 조금만 생각을 달리하면 의외의 발견을 할 수 있다.

"아하, 이런 방법도 있었구나!"

이 책에는 요리·청소·세탁·수납·가족의 건강 관리에서 텃밭 가꾸기까지 놀랄 만한 아이디어가 가득하다.

"이 정도는 나도 할 수 있어!"

주부들의 지혜와 아이디어를 모은 것인 만큼 집 안의 친숙한 물건을 이용하는 것이 가장 큰 원칙이다.

용기 100배, 의욕 200배!

이 책을 읽다 보면 서툴고 귀찮기만 하던 집안일에 점점 재미가 생긴다.

"정말 유용한 정보가 많네!"

이렇게 중얼거리며 고개를 끄덕이기도 할 것이다.

이 책을 읽으면서 생활 속의 기쁨을 재발견할 수 있을 것이다.

PART 6 | 세탁

PART 4 | 수납

PART 7 | 생활 전반

PART 5 | 청소

살림 감각을 높여주는 생활의 지혜 888

PART 8 | 미용

PART 9 | 건강

PART 10 | 재활용

PART 11 | 식물 재배

PART 1 | 요리

COOKING

매일 가장 많은 시간을 들이게 되는 집안일인 요리. 맛과 속도 향상을 위한 작은 아이디어와 비결들이 쌓이면 큰 차이가 되고, 주부로서의 성취감도 맛볼 수 있다. "와! 오늘은 유난히 맛있어요!" 식탁에서 아이들이 이렇게 감탄하지 않을까?

맛없는 쌀은 찹쌀과 기름을 넣어 밥을 짓는다

찰기가 없어 푸석한 쌀은 쌀과 찹쌀을 5 : 1 비율로 섞어 평소와 같은 양의 물을 붓는다. 여기에 샐러드유 1~2방울을 떨어뜨려 밥을 지으면 차지고 윤기가 흐르는 밥이 된다. 식어도 차진 상태가 유지되므로 도시락을 싸도 좋다.

맛이 강한 채소는 쌀뜨물에 데친다

무나 죽순처럼 특유의 맛이 강한 채소를 데칠 때는 쌀겨 성분이 함유되어 있는 쌀뜨물을 이용한다. 그냥 끓는 물에 데치는 것보다 떫은맛이 잘 빠지고 빨리 익는다. 밀가루 등의 전분질을 첨가해도 같은 효과를 발휘한다.

묵은 쌀에는 맛술을 넣어 밥을 짓는다

쌀을 씻어 약 2시간 정도 체에 받쳐 물기를 빼고 쌀 2홉에 맛술(청주) 1작은술을 넣는다. 맛술의 다양한 맛 성분이 묵은 쌀의 냄새를 제거해 준다.

▲ 밥솥에 씻은 쌀과 물을 넣고 마지막에 맛술을 넣기만 하면 된다.

곤약에 소금을 뿌리면 질감이 좋아진다

곤약에 소금을 뿌리고 밀대로 가볍게 두들겨 수분을 뺀 다음 물로 씻어 내면 씹는 맛이 좋아진다. 실곤약도 소금을 뿌리고 손으로 문지르면 떫은맛이 빠진다.

시금치를 데칠 때 설탕을 넣으면 떫은맛이 사라진다

시금치에는 떫은맛의 주요 원인인 수산이 함유되어 있는데, 데칠 때 설탕을 조금 첨가하면 색도 선명해지고 맛도 좋아진다. 그러나 많이 넣으면 단맛이 강해지므로 주의해야 한다.

값싼 고기를 고급 스테이크처럼 만드는 방법

싸게 사 온 고기가 질길 때는 표면에 설탕을 약간 뿌린다. 설탕은 육질을 연하게 만들어 준다. 설탕을 뿌려 둔 채 잠시 두었다가 구우면 연한 고기를 맛볼 수 있다.

질긴 수입 쇠고기는 무 즙에 담가 부드럽게 만든다

육질이 질긴 고기는 무 즙에 1시간 이상 담가 둔다. 무가 단백질 분해 효소의 작용을 하여 고기에 탄력이 생긴다. 수분을 제거하고 조리하면 부드러운 육질을 즐길 수 있다.

닭고기를 다시마에 싸 두면 맛이 좋아진다

닭고기를 다시마로 감싼 다음 랩에 싸서 반나절 이상 놓아두면 고기 맛이 훨씬 좋아진다. 다시마와 함께 포일에 굽거나 술을 넣고 쪄서 무쳐 먹는다.

올리브유로 닭 가슴살 마리네를 만들면 육질이 연하다

다릿살보다 푸석한 닭 가슴살을 이용해 연한 육질의 마리네를 맛보고 싶을 때는 고기를 먹기 좋게 잘라 올리브유에 20분간 담가 두면 된다. 기름을 잘 닦아 낸 뒤에 볶거나 튀긴다.

레몬 껍질에 묻어 있는 왁스는 소금으로 문지르고 씻어 낸다

수입 레몬이나 자몽 껍질은 소금으로 문지르고 물로 씻어 내면 표면의 왁스가 제거된다. 과피의 수분이 배어 나와 향기와 색이 좋아지는 상승 효과도 있다.

말린 재료를 빨리 불리고 싶을 때는 뜨거운 물 + 설탕

미역이나 말린 표고버섯 등을 빨리 불리고 싶을 때는 설탕을 이용한다. 말린 재료에 설탕을 약간 뿌리고 뜨거운 물을 붓기만 하면 된다. 그냥 물에 담그면 20~30분 걸리지만 이렇게 하면 단 5분 만에 완성.

생선을 튀길 때는 튀김옷에 홍차를 넣는다

생선을 조릴 때 생강을 넣어 비린내를 제거하듯이 생선을 튀길 때는 홍차를 이용하면 효과적이다. 계란 푼 물에 홍차를 섞고 밀가루를 풀어 튀김옷을 만들면 홍차 향이 비린내를 없애 주어 일류 식당의 생선 튀김 맛을 낼 수 있다.

마요네즈를 발라 맛있는 돈가스를 만든다

돈가스용 튀김옷에 밀가루와 계란을 넣는 대신 마요네즈를 고기 표면에 바른다. 빵가루를 뿌려 튀기기만 하면 감칠맛 나는 돈가스가 완성된다. 도시락용이나 간단한 안주 거리 등 적은 양을 만들 때 편리하다.

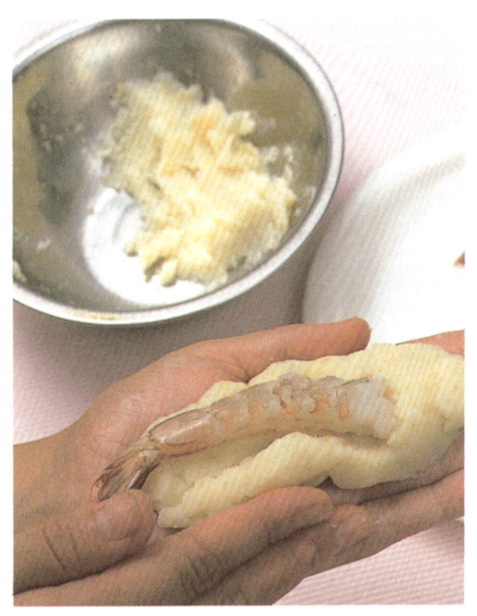

◀ 계란 1개에 부침가루 1큰술과 물 1큰술을 섞은 계란물을 넣으면 소스가 필요 없다.

작은 새우는 으깬 감자로 싸서 튀긴다

튀김용으로 구입한 새우의 크기가 작다 싶을 때는 삶아서 으깬 감자에 소금과 후춧가루를 뿌리고 새우를 감싸서 튀김옷을 입혀 튀기면 도톰하고 맛좋은 새우 튀김이 된다.

튀김에 부침 가루를 넣으면 맛이 좋아진다

돈가스(포크커틀릿)를 만들 때 튀김옷에 참마를 넣기도 한다. 부침 가루에 참마나 다시마 국물, 소금을 첨가하듯이 돈가스의 튀김옷에도 이런 재료들을 넣으면 맛이 한층 좋아진다.

튀김옷에 식초를 넣으면 맛이 훨씬 좋아진다

제철 채소를 이용하여 겉은 바삭하고 속은 폭신한 채소 튀김을 만들고 싶을 때는 튀김옷에 식초를 넣는다. 계란 1개에 식초 1큰술과 물을 부어 1컵을 만든 뒤에 밀가루 1컵을 섞으면 된다.

바삭바삭하게 튀기고 싶을 때는 튀김옷에 베이킹파우더를

튀김을 좀 더 바삭바삭하게 튀기고 싶을 때는 베이킹파우더를 이용한다. 계란 1개에 물을 부어 1컵을 만들어 밀가루 1컵과 베이킹파우더 1작은술을 넣어 튀김옷을 만들면 된다.

보기 좋은 채소 튀김을 만들려면 나무주걱을 이용

채소 튀김을 할 때는 나무주걱으로 재료를 떠서 기름 바로 위에서 미끄러뜨리면 재료가 흩어지지 않는다. 나무주걱의 수평에 가까운 경사면을 이용한 튀김 기술이다.

샐러드유를 넣으면 씹는 맛이 좋아진다

식초와 베이킹파우더 외에 추천하고 싶은 또 한 가지는 샐러드유다. 밀가루와 계란을 섞은 다음 샐러드유 1큰술을 첨가하면 된다. 그런 뒤에 재료를 넣고 빵가루를 묻혀 튀기기만 하면 바삭바삭한 튀김이 완성된다.

재료를 소금물에 담가 두면 부서지지 않고 맛도 좋아진다

고구마나 호박 등을 먹기 좋게 잘라 찌거나 삶기 전에 약 30분 정도 약한 소금물에 담가 둔다. 이렇게 하면 떫은맛이 없어질 뿐만 아니라 단맛이 배어 나와 폭신하고 부드럽게 조리된다.

더욱 단맛을 내고 싶을 때는 소금을 넣는다

단팥죽이나 수박의 단맛을 강화하고 싶을 때는 소금을 약간 넣는다. 단팥죽처럼 단 음식에 소금을 넣으면 단맛이 강해지는 '맛의 대비 효과'가 나타난다.

무르거나 단단한 호박은 녹차로 삶는다

너무 무르거나 단단한 호박은 삶을 때 물 대신 녹차를 이용하면 단맛이 우러나와 폭신하게 잘 삶아진다.

호박에 설탕을 뿌려 삶는다

냄비에 적당한 크기로 자른 호박을 넣고 설탕을 뿌려 3시간 정도 그대로 둔다. 그러면 삼투압에 의해 호박의 수분이 빠져 나온다. 이것을 눕지 않을 정도로 물을 붓고 푹 삶는다. 마지막에 간장으로 맛을 내면 맛있는 호박 조림이 된다.

계란물에 물과 녹말가루를 섞으면 부드럽게 부푼다

불의 세기와 뜸들이기 등 미세한 조절에 의해 완성되는 계란물 첨가 요리에는 녹말가루 푼 물을 넣으면 부드럽게 부풀어오른다. 계란 1개와 배량의 물을 넣은 녹말가루물 1큰술을 섞어 마지막에 원을 그리듯이 끼얹는다.

생선 그릴의 열로 냄비를 보온

생선 그릴을 사용할 때는 배기구를 활용한다. 작은 냄비에 물을 붓고 그릴의 배기구 위에 올려놓으면 작은 기포가 올라올 정도로 뜨거워져 다음 요리를 조리할 때 바로 사용할 수 있다. 남는 열을 활용하므로 가스비도 절약할 수 있다.

계란을 삶을 때 깨지는 것을 방지하기 위해 식초를 이용

계란을 삶을 때 껍질에 금이 가면 흰자가 밖으로 흘러나와 모양이 흐트러지고 지저분해진다. 이 때는 단백질의 응고를 촉진하는 식초를 약간 부으면 껍질에 금이 가더라도 흰자가 유출되는 것을 막을 수 있다.

▶ 프라이팬 직경보다 파스타가 길 때는 반으로 잘라 넣는다.

▼ 뚜껑을 덮고 불을 끈다. 열기가 밖으로 빠져나가지 않도록 프라이팬에 딱 맞는 뚜껑을 쓴다.

파스타를 알덴테(Aldente)*로 익히는 방법

끓는 물에 소금과 파스타를 넣고 뚜껑을 덮은 뒤에 불을 끈다. 그런 다음 적당한 시간을 기다리기만 하면 쫄깃쫄깃한 알덴테 완성. 끓어 넘치거나 면이 불 염려가 없다.

* Aldente : 면을 건져서 끊어 보았을 때 단면에 샤프심만 한 굵기의 하얀 심이 보일 정도. 겉은 익고 속에는 약간 딱딱한 심이 남아 있는 알덴테를 스파게티를 가장 맛있게 즐길 수 있는 상태로 본다.

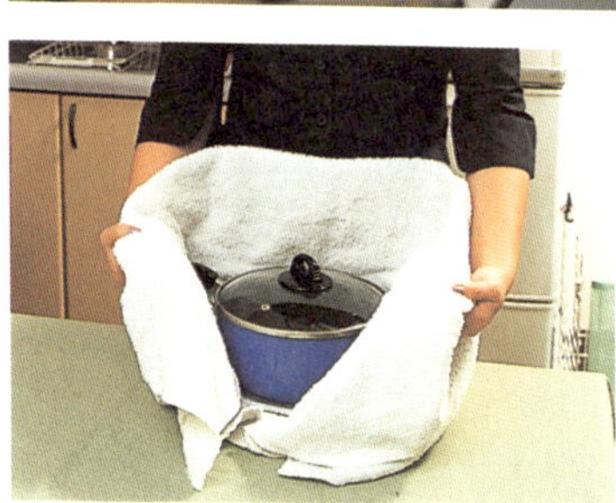

냄비를 목욕 타월로 감싸 보온 조리

음식물을 끓인 다음 5~10분 정도 약한 불에 그대로 두었다가 불을 끈다. 냄비를 신문지로 싼 뒤 목욕 타월로 감싸 20분간 놓아두면 맛이 더욱 잘 스며든다. 타월 사이에 신문지를 끼워도 된다.

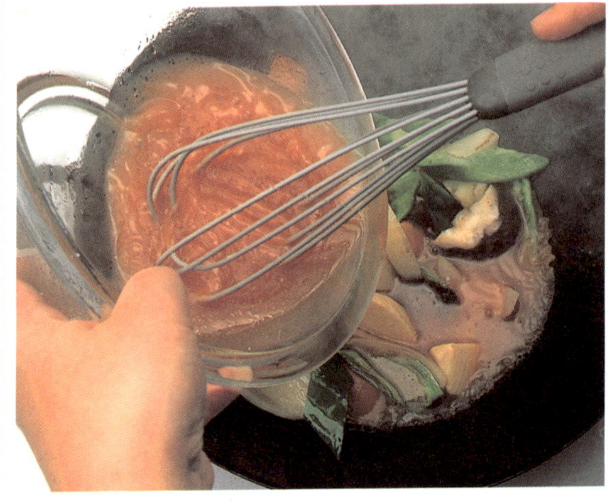

조미료에 녹말가루를 넣어 걸쭉한 맛을 낸다

물에 푼 녹말가루로 걸쭉한 맛을 내고 싶지만 멍울을 푸는 것이 번거로울 때는 조미료에 녹말가루를 넣어 섞으면 간단하게 조리할 수 있다.

▲ 육즙이 많고 부드러운 햄버거 완성

고기를 반죽하기 전에 소금을 첨가

햄버거나 만두를 만들 때 채소를 넣기 전에 소금을 약간 넣어 반죽하면 소금이 고기의 맛있는 성분이 유출되는 것을 막아 주어 재료의 맛이 한층 살아난다.

플레인 오믈렛에는 마요네즈를 넣는다

플레인 오믈렛을 만들 때 계란 1개에 마요네즈 1작은술을 넣으면 폭신하고 부드러운 오믈렛이 완성된다. 눋기 쉬우므로 약한 불에 조리하고, 소금은 조금만 넣는다.

▶ 볶거나 튀기는 기름에 소금을 넣으면 재료를 넣어도 튀지 않으므로 안심.

▼ 녹황색 채소를 볶기 전, 기름에 소금을 넣어 살짝 볶은 다음 마지막에 뜨거운 물을 부어 데치면 색이 선명해진다.

녹황색 채소를 볶을 때 기름에 소금을 넣으면 색이 선명해진다

녹황색 채소를 볶거나 튀길 때 기름에 소금을 약간 넣으면 색이 더욱 선명해지고, 기름이 튀는 것도 막을 수 있다.

만두를 구울 때 눌어붙는 것을 막으려면 오븐 시트를 이용

만두를 구울 때 만두피가 프라이팬에 눌어붙는 경우가 많은데, 이때는 오븐 시트를 사용하면 된다. 시트 위에 구우면 기름을 두르지 않아도 눌지 않아 안심이다. 불소 수지 가공 처리된 프라이팬이나 철판이나 모두 OK.

1. 쿠킹 시트는 프라이팬 직경보다 약간 크고 둥글게 자른다.

2. 시트 위에 만두를 놓고 굽는다. 기름을 두를 필요는 없다. 노릇노릇하게 구워지면 만두 12개에 물 50㎖를 붓고 익힌다.

3. 시트 위에 구우면 만두피가 벗겨지지 않게 쉽게 떼어 낼 수 있다.

해동 새우의 비린내를 제거할 때는 녹말가루를 활용

냉동 보관해 둔 새우나 오징어, 문어 등을 해동할 때 나는 특유의 비린내를 제거할 때는 녹말가루를 이용한다. 재료를 녹이기 전에 녹말가루를 뿌리고 물로 씻어 내면 비린내가 나지 않는다.

냉동 건어물은 알루미늄 포일을 씌워 굽는다

냉동 건어물을 부서지지 않게 구우려면 알루미늄 포일에 씌워 증기를 이용해 굽는 것이 비결이다. 노릇노릇하게 익히고 싶으면 마지막에 포일을 벗기고 굽는다.

작은 생선은 프라이팬에 알루미늄 포일을 깔고 굽는다

수분이 많고 크기가 작은 생선은 살짝 구겼다가 편 알루미늄 포일을 불소 수지 가공 처리된 프라이팬에 깔고 구우면 보기 좋게 조리할 수 있다. 대형 할인 마트의 시식 판매 코너 등에서 사용하는 방법이다.

가지는 자른 뒤에 소금물에 담가 색깔이 변하는 것을 막는다

떫은맛이 강한 가지는 폴리페놀에 의해 색깔이 변하므로 자른 뒤에 바로 소금물에 담근다. 물이 거무스름해지면 체에 건져 흐르는 물에 씻는다. 이 과정을 거치면 요리가 훨씬 깔끔해진다.

양파를 자르기 전에 이쑤시개를 꽂으면 흩어지지 않는다

양파를 자를 때는 이쑤시개를 먼저 꽂아 두고 자르는 것이 비법. 반으로 자른 양파에 이쑤시개를 방사형으로 5~6개 정도 꽂은 다음 이쑤시개 사이로 칼을 넣어 자른다. 그대로 튀김옷을 입혀 튀기면 양파가 흩어지지 않는다.

그라탱을 만들 때 접시에 대신 물을 묻혀도 타지 않는다

그라탱을 만들 때는 일반적으로 접시에 버터를 바르는데, 물을 묻히기만 해도 타지 않는다. 그릇의 바깥쪽만 닦아 내고 요리 재료를 넣는다. 이렇게 하면 칼로리도 낮아지고 설거지도 편하다.

계란을 삶을 때 소금을 넣으면 노른자가 가운데로 온다

계란을 삶을 때 노른자가 가운데로 오도록 물이 끓을 때까지 젓가락으로 굴리는 경우가 있는데, 이보다 더 간단한 방법은 물에 소금을 약간 넣는 것이다. 번거로운 과정이 생략되기 때문에 그만큼 요리가 즐거워진다.

청국장이나 낫또는 반 해동하면 다지기 편하다

청국장이나 낫또가 반 해동 상태라면 칼로 깔끔하게 다질 수 있다. 용기째 냉동한 청국장을 자르기 20분 전에 냉동실에서 꺼내 놓는다. 우유팩을 펼쳐 그 위에 청국장을 놓고 다지면 도마를 씻지 않아도 된다.

물오징어를 가늘게 직선으로 자르려면 반 냉동한다

물오징어나 문어를 가늘게 직선으로 자르기란 쉽지 않다. 자르기 30분 전에 냉동실에 넣어 반 냉동 상태로 만들면 놀랄 만큼 쉽게 원하는 모양으로 자를 수 있다.

전용 가전 없이 전자레인지로 쫀득쫀득한 떡 만들기

장방형으로 썬 떡을 볼(bowl)에 넣고 충분한 양의 물을 부어 약 10분간 담가 둔다. 물을 조금만 남기고 따라 버린 다음 랩을 씌워 전자레인지에 넣고 약 30초(1개 기준)간 돌리면 갓 만든 떡처럼 쫀득쫀득해진다.

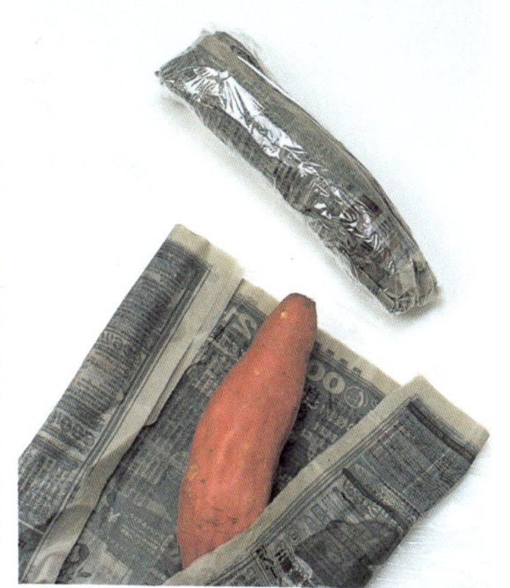

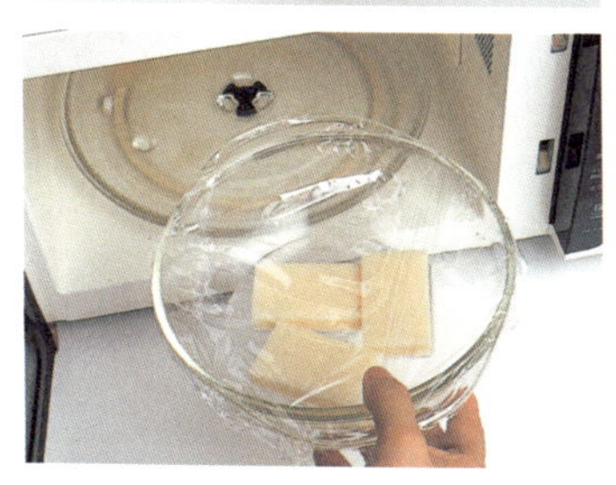

고구마를 찔 때는 젖은 신문지와 랩으로 싼다

전자레인지에 고구마를 찔 때는 흠뻑 젖은 신문지로 고구마를 감싼 뒤 랩으로 둘러싼다. 중간 크기의 고구마는 10분 정도(1개당) 전자레인지에 돌리면 맛있게 쪄진다.

랩과 이쑤시개로 만드는 마요네즈 튜브

마요네즈를 랩 위에 짜서 손으로 말아 쥔 다음 이쑤시개로 작은 구멍을 몇 개 뚫는다. 이렇게 하면 그라탱 등에 마요네즈를 뿌릴 때 보기 좋게 장식할 수 있다. 마요네즈 말고도 소스나 케첩 등에도 활용할 수 있는 편리한 방법이다.

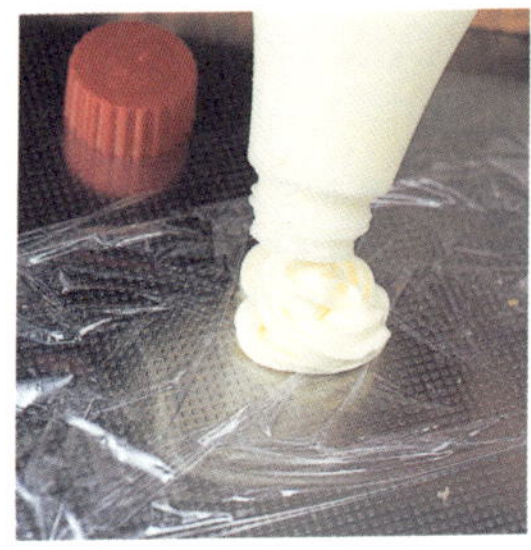

◀ 랩을 10㎝ 정도로 자른 뒤 가운데에 마요네즈를 1큰술 정도 얹는다.

▶ 마요네즈를 랩으로 둥글게 싸서 이쑤시개로 구멍을 뚫는다. 구멍이 커지지 않도록 주의한다.

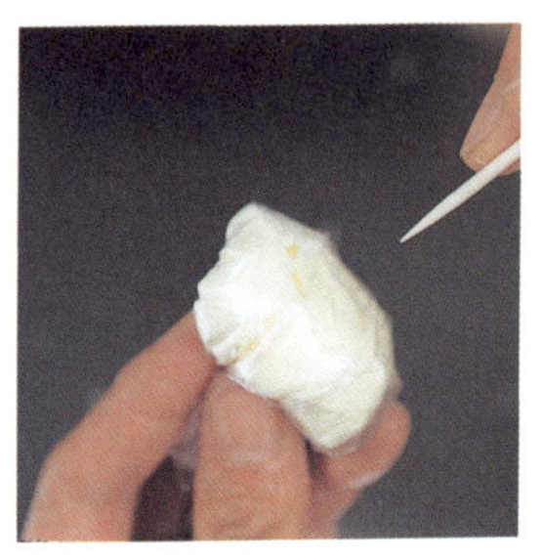

만두를 구울 때 묽은 밀가루물을 넣으면 씹는 맛이 좋다

가게에서 먹는 것과 같은 만두 맛을 즐기려면 만두를 굽는 프라이팬에 물을 넣은 다음 익힐 때 묽은 밀가루 물을 조금 부으면 된다. 걸쭉한 밀가루물이 노릇노릇하고 얇은 만두 껍질을 만들어 주어 씹는 맛이 좋아진다.

드레싱은 끼얹지 말고 무친다

채소 샐러드를 만들 때는 무침처럼 볼에 채소와 드레싱을 넣고 섞는 것이 좋다. 끼얹지 않고 무치게 되면 드레싱을 끼얹을 것보다 적은 양(1/2 정도)으로도 맛이 충분히 배어들고 칼로리도 낮출 수 있어 일거양득이다.

빈 용기를 활용하여 삶은 계란을 장식

슈퍼나 마트에서 쉽게 구할 수 있는 플라스틱 식품 팩을 삶은 계란을 장식하는 데 활용한다. 폐품을 재활용하는 것이므로 돈도 들지 않고 오래 사용할 수 있다.

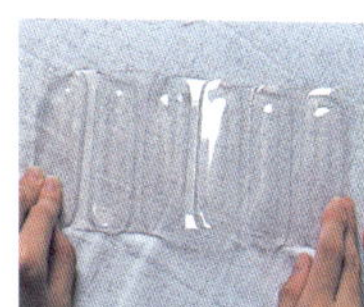

1. 플라스틱 식품 팩 뚜껑의 평평한 부분을 약 5㎝ 폭으로 잘라 낸다.

2. 짧은 쪽 면에 맞춰 5~10㎝의 일정한 간격으로 사진처럼 접는다.

3. 지그재그 모양의 가로 면을 돌려 가며 삶은 계란의 흰자를 눌러 자른다.

4. 흰자의 윗부분을 떼어 내면 톱니 모양이 된다. 떼어 낸 흰자는 도시락 반찬을 담는 컵으로 활용한다.

페트병으로 만드는 귀여운 꽃 모양의 삶은 계란

육각 기둥 모양의 500㎖들이 페트병을 활용하여 삶은 계란에 모양을 낼 수 있다. 주둥이와 바닥 부분을 잘라 내고 육각 기둥 부분을 삶은 계란에 감기만 하면 된다.

1. 병을 잘라 낸 다음 펼쳐서 육각 기둥 면을 바깥쪽으로 접어 요철 모양으로 만든다.

2. 잘라 낸 육각 기둥의 한 면씩을 겹쳐 둥그런 모양으로 만들면 별 모양의 통이 된다.

3. 삶은 계란의 표면을 병으로 감은 다음 고무줄로 고정한다.

4. 고정한 상태로 물이 든 볼에 10분간 담가 두면 꽃 모양의 삶은 계란이 된다.

키친 페이퍼로 만드는 보기 좋은 롤 샌드위치

예쁜 모양으로 말기 어려운 롤 샌드위치를 만들 때는 물에 살짝 적신 키친 페이퍼를 이용한다. 샌드위치의 속이 잘 뭉쳐져 키친 페이퍼를 떼어 내도 모양이 흐트러지지 않고 먹기 좋게 자르기도 편리하다.

1. 키친 페이퍼 1장을 분무기로 가볍게 적신다.

2. 그 위에 빵을 올려놓고 좋아하는 재료를 얹은 다음 김밥처럼 앞에서부터 만다.

3. 빵에 재료의 맛이 배어들고 모양이 잡히도록 페이퍼를 만 상태로 잠시 둔다.

통째로 얼린 토마토를 요리에 이용

토마토는 강판에 갈기 쉽게 얼려 두어도 맛과 색에 변화가 없다. 볶은 양파에 냉동 토마토를 갈아 넣고 끓이면 오리지널 토마토 소스가 완성된다. 스튜(stew) 등에 이용할 때는 통째로 냄비에 넣은 다음 껍질과 꼭지가 떠오르면 건져내면 된다.

반찬용 오징어채로 중국식 수프를 만든다

오징어채를 끓는 물에 넣으면 오징어의 풍미와 소금기가 빠져나와 조리용 국물이 된다. 여기에 소금과 후춧가루로 간을 맞추고 계란과 미역, 국물을 우려낸 오징어채 등을 넣으면 훌륭한 중국식 수프가 된다.

▼ 냉동 식빵으로 만든 빵가루는 다시 냉동해도 2주 정도는 괜찮다.

냉동 식빵을 갈아 빵가루로

빵가루가 없을 때는 냉동실에 보관해 둔 식빵을 활용하면 된다. 냉동 식빵을 강판에 갈기만 하면 완성. 빵가루를 구입하는 것보다 훨씬 저렴하다.

특별한 재료 없이도 만들 수 있는 '껍질 없는 비엔나 소시지'

프라이팬과 알루미늄 포일로 만드는 '껍질 없는 비엔나 소시지'의 조리법이다. 좀 더 굵게 만들거나 허브 또는 향신료를 첨가할 수도 있다.

재료 : 다진 돼지고기 400g, 소금 1.5작은술, 계란 1개, 파슬리 1줌, 밀가루 2큰술, 마늘 1쪽(또는 다진 마늘 1큰술), 육두구 1작은술, 후춧가루 1작은술

1. 볼에 돼지고기와 소금을 넣고 재빨리 반죽한다. 다진 파슬리와 다진 마늘, 그밖의 재료를 넣고 잘 섞는다.

2. 20cm×15cm로 자른 알루미늄 포일 10~12장에 얇게 기름을 발라 7~8cm 길이로 재료를 뭉쳐 올린다. 소시지 모양으로 반죽을 다듬어 포일로 감싸고 사탕을 싸듯이 양끝을 비튼다.

3. 포일의 겹친 부분이 위쪽으로 오도록 프라이팬에 놓는다. 바닥에서 1cm 정도 높이까지 물을 붓고 뚜껑을 덮은 뒤 중간 불~약한 불로 약 15분간 익힌다.

4. 포일을 펼쳐 속까지 고루 잘 익었는지 확인한다. 파슬리 대신 차조기나 허브인 바질(basil)을 넣어도 좋다. 기호에 맞게 머스터드 소스 등을 발라먹는다.

다양한 어묵 장식법

어묵은 어떤 모양으로 장식해도 맛이 변하지 않는다. 축하하고 싶은 일이 있거나 도시락 반찬에 솜씨를 발휘하고 싶을 때 '어묵 장식'에 도전해 보자. 잘 드는 칼과 어묵을 자를 때의 과감함이 비결.

[솔잎]

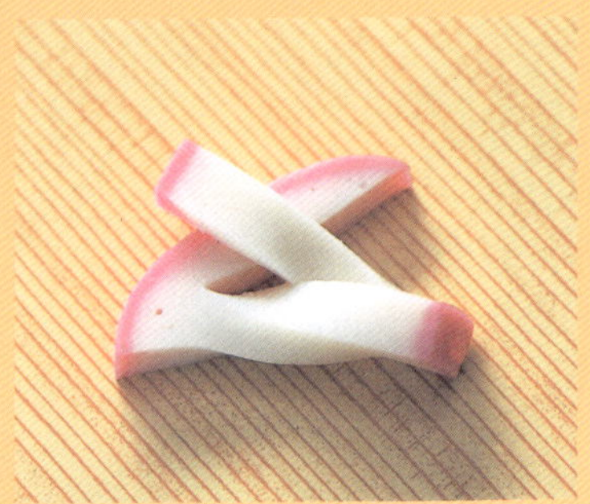

솔잎은 파티의 단골 소재. 어묵을 7㎜~1㎝ 두께로 잘라 서로 교차되도록 칼집을 넣은 다음 가볍게 비틀어 끼운다.

[체크]

붉은색과 흰색 2가지 색으로 만든다. 각각 1㎝ 두께로 잘라 세로로 반을 가른 다음 교차되게 놓는다. 간단하면서도 화려한 방법이다.

[매듭]

어묵을 7㎜ 두께로 잘라 사진처럼 위아래와 가운데에 칼집을 넣은 다음 위아래를 서로 교차되게 끼운다.

[장미]

2~3㎜ 두께로 얇게 자른 어묵 4장을 사진처럼 각각 가운데 걸치도록 겹쳐 놓는다. 앞에서부터 둘둘 말아 이쑤시개로 고정한다.

[국화]

2㎝ 두께로 잘라 반을 가른다. 아래쪽 5㎜는 남겨 두고 위에서부터 가로×세로 2㎜ 폭(가능한 한 촘촘하게)의 칼집을 넣는다.

[난]

1.5~2㎝ 두께로 자른 어묵에 3~4㎜ 폭의 칼집을 4개 넣는다. 가운데 3장을 1장씩 반으로 접어 사이에 끼워 넣고 모양을 다듬는다.

[토끼]	**[소나무]**	**[왕관]**

  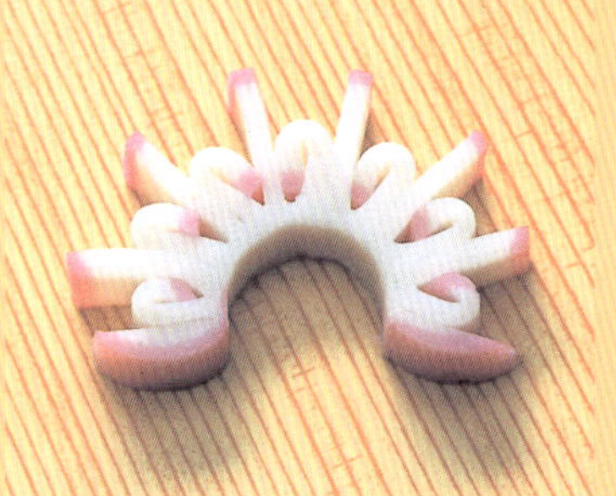

1. 어묵을 1㎝ 두께로 자른다. 껍질을 벗기듯이 5㎜ 정도의 두께로 2/3 지점까지 칼집을 넣는다. | 1. 5㎜ 두께로 잘라 오른쪽 반은 가로, 왼쪽 반은 세로로 2㎜ 폭의 칼집을 넣는다. | 1. 어묵을 5㎜ 두께로 잘라 아래쪽 5㎜는 남겨두고 2㎜ 폭으로 칼집을 넣는다.

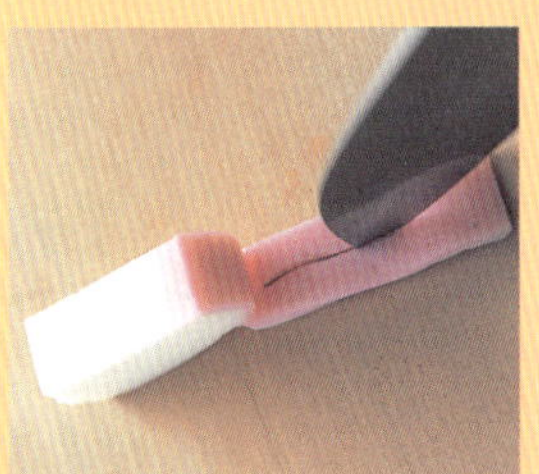  

2. 벗긴 껍질의 가운데에 1㎝의 칼집을 넣고 끝부분을 칼집 속에 통과시켜 토끼의 귀를 만든다. 눈은 참깨로 만든다. | 2. 이쑤시개를 이용하여 사진처럼 칼집 사이사이에 끼워 넣는다. 세심한 작업이므로 끈기가 필요하다. | 2. 1개씩 걸러 반으로 구부려 칼집 사이에 끼워 넣는다. 정성을 들인 만큼 화려함도 더해진다.

[나비]

1. 어묵을 5㎜ 두께로 잘라 반을 가른 다음 가운데에 칼집을 넣는다.

2. 어묵을 눕혀 놓고 2~3㎜ 폭의 칼집을 위아래 2군데에 넣는다.

3. 어묵을 펼쳐 가운데의 연결되어 있는 부분을 반대쪽으로 밀어 넣는다.

4. 뒤집어 놓아도 보기 좋으며, 2가지 모양의 나비를 섞어 담을 수도 있다.

피망 꼭지는 병 뚜껑으로 딴다

병 뚜껑을 피망의 꼭지 부분에 대고 빙글빙글 돌리면 쉽게 제거할 수 있다. 특히 드링크제의 뚜껑이 단단해서 좋다.

비닐 장갑을 이용하면 마늘의 속껍질을 쉽게 벗길 수 있다

벗기기 까다로운 마늘 속껍질은 비닐 장갑을 끼고 쓰다듬으면 쉽게 벗겨진다. 비닐 장갑에 마늘의 속껍질이 달라붙어 껍질이 매끈하게 벗겨진다.

양파를 자르기 전에 물에 담가 놓으면 눈물을 흘리지 않아도 된다

양파를 자를 때 눈물이 나는 것은 양파에 휘발성 최루 물질이 함유되어 있기 때문이다. 이를 방지하기 위해서는 이 성분을 물에 녹여 버리면 된다. 양파를 손질하기 전에 물에 10분간 담가 두면 OK.

완숙 토마토는 하룻밤 정도 얼려 껍질을 벗긴다

완숙 토마토는 껍질을 벗기기가 더 어렵다. 이때는 하룻밤 정도 냉동실에 넣어 딱딱하게 얼려 흐르는 물에 씻으면 물에 대기만 해도 껍질이 깨끗하게 벗겨진다.

토마토를 불에 쬐어 껍질을 벗기면 간편

토마토 껍질을 벗길 때는 끓는 물을 이용하는 것이 상식이지만 더 간편한 방법이 있다. 토마토 꼭지를 떼고 포크에 꽂아 가스레인지 위에서 직접 불을 쬐면 금세 껍질이 부풀어올라 쉽게 벗겨진다.

▼ 껍질이 부풀어 터진 토마토를 흐르는 물에 대면 껍질이 놀랄 만큼 깨끗하게 벗겨진다.

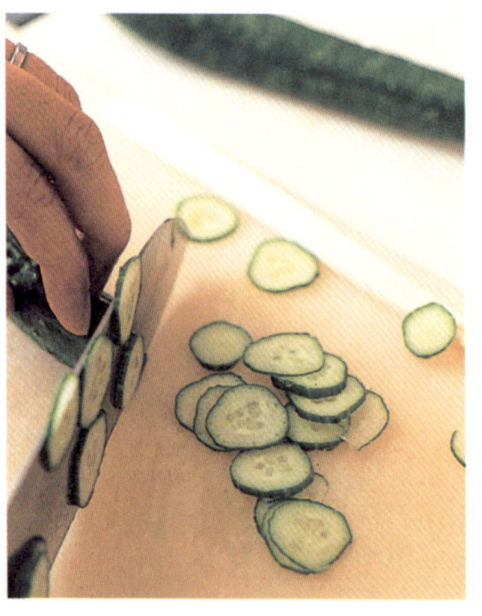

오이를 얇게 썰 때는 칼에 이쑤시개를 붙인다

오이를 얇게 썰 때 칼에 오이가 달라붙으면 번거롭고 속도도 나지 않는다. 이때는 칼의 측면에 이쑤시개를 테이프로 붙이고 썰면 효과적이다.

잘 굴러다니는 재료를 썰 때는 나무젓가락을 이용한다

오이나 호박 등을 얇게 썰 때는 도마의 반대편에 나무젓가락을 놓아둔다. 나무젓가락이 방지턱 역할을 하여 재료가 여기저기 굴러다니는 것을 막아 준다.

우엉의 껍질과 흙을 단번에 제거하는 알루미늄 포일

우엉은 표면에 흙이 묻어 있는 것이 신선하고 오래 보관할 수 있으나, 흙을 씻어 내고 껍질을 벗기기가 번거롭다. 이때는 꼬깃꼬깃 구긴 알루미늄 포일로 우엉을 위에서 아래로 긁어 주면 흙과 껍질을 쉽게 제거할 수 있다.

우엉 껍질을 얇게 벗길 때는 필러(piller)를 이용

우엉 껍질을 얇게 벗기고 싶을 때는 세로로 칼집 몇 개를 넣은 다음 필러로 연필을 깎듯이 돌려가며 벗긴다. 칼을 다루는 데 서툰 사람도 이용할 수 있는 간편한 방법이다.

대파는 비스듬히 칼집을 넣어 다진다

대파를 빨리 다지는 방법이다. 대파를 도마 위에 올려놓고 반 정도 깊이까지 비스듬히 칼집을 넣는다. 반대쪽도 같은 방향으로 비스듬히 칼집을 넣어 끝에서부터 썰어 나가면 순식간에 다져진다.

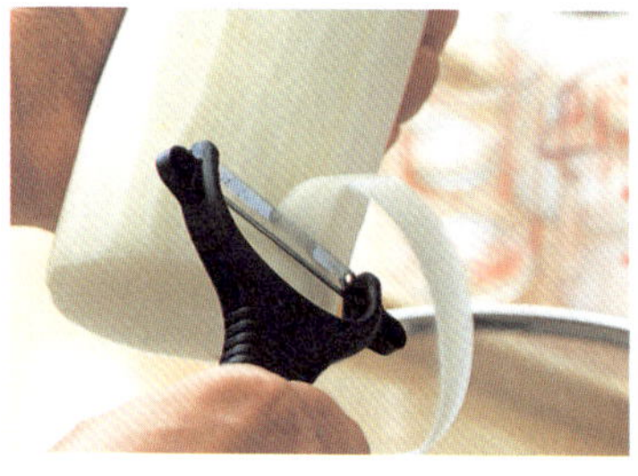

무 껍질도 필러로 벗긴다

무나 당근 껍질을 벗길 때도 필러를 이용하면 편리하다. 껍질이 아니더라도 필러로 식품을 얇게 깎아 샐러드나 냄비 요리 등에 이용할 수 있다. 필러에 균일한 힘을 가해 위에서 아래로 벗겨 내는 것이 포인트.

참마 껍질은 수저로 긁어서 벗긴다

칼로 참마의 껍질을 벗기려고 하면 표면이 울퉁불퉁해서 깨끗하게 벗겨지지도 않고 손이 미끌거려서 위험하다. 이때는 칼 대신 수저를 이용하면 안전하게 움푹 들어간 부분까지 깨끗이 벗겨낼 수 있다.

감자 표면은 금속 체로 다듬는다

껍질을 벗겨 적당한 크기로 자른 감자를 금속 체에 넣고 위아래로 흔든다. 이렇게 하면 감자 표면이 매끈하게 다듬어져 조리할 때 맛이 잘 배어든다.

말린 재료를 급히 불릴 때는 전자레인지를 이용

말린 버섯 등을 급히 불려야 할 때는 내열 용기에 재료가 잠길 정도로 물을 붓고 설탕을 약간 뿌린 뒤 랩을 씌워 전자레인지에 약 3분간 돌리면 된다.

토란은 살짝 데쳐 이용하면 껍질이 잘 벗겨진다

물로 대충 씻은 토란을 3분 정도 데쳐 소쿠리에 건진다. 그런 다음 칼로 껍질을 벗겨 내면 손이 따갑지도 않고 미끌거리지 않아 상처 날 염려가 없다.

생선 비늘은 무 밑동으로 벗긴다

무 밑동을 이용하여 생선 꼬리에서 머리 쪽으로 문지르면 비늘이 무에 박히며 주위에 튀지 않아 뒷정리가 쉽다. 비늘이 박힌 무 밑동은 싱크대를 닦을 때 사용해도 좋다.

생선 껍질은 얼려서 벗긴다

껍질을 벗기기 어려운 토막 생선은 일단 얼려서 손질하는 것이 편리하다. 냉동실에서 꺼내어 잠시 두었다가 껍질을 벗기는 것이 좋다.

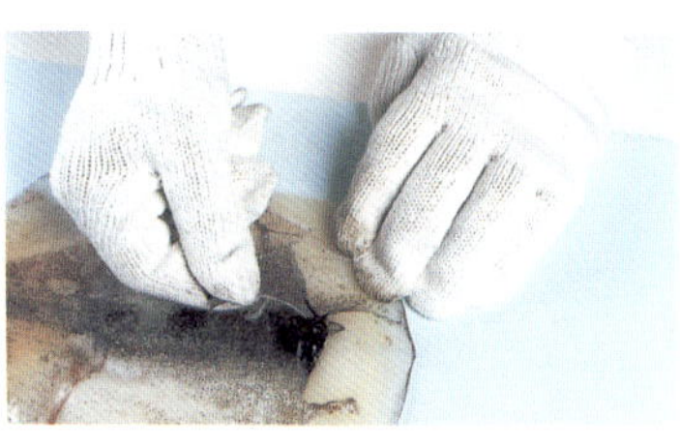

오징어 껍질은 목장갑을 끼고 벗긴다

물오징어는 맨손으로 만지면 미끌거려서 껍질을 벗기기가 어렵지만 목장갑을 끼고 다듬으면 쉽게 벗겨진다.

소금을 뿌려도 껍질을 벗기기가 쉽다

소금을 사용하는 것도 방법이다. 오징어 표면에 소금을 뿌리고 잠시 놓아두면 점액이 제거되어 껍질을 쉽게 벗길 수 있다.

소금을 넣으면 계란이 잘 풀린다

소금을 젓가락 끝에 살짝 묻혀 계란을 휘저으면 흰자가 잘 풀린다. 잘 풀어진 계란물로 계란말이를 만들면 색이 더 선명하고, 튀김을 할 때는 튀김옷의 빵가루가 더 잘 붙는다.

고기를 자를 때 우유팩을 활용하면 위생적

고기를 동일한 두께로 자르고 싶을 때는 우유팩을 사용하기 쉬운 크기로 잘라 고기를 싸서 조금씩 비켜 가며 자르면 된다. 우유팩은 방수 가공 처리가 되어 있어서 손도 더러워지지 않고 위생적이다.

손을 더럽히지 않고 오징어 창자를 꺼내는 방법

오징어는 손질하지 않고 그대로 얼려 두어야 조리할 때 수고를 덜 수 있다. 손질할 때는 냉동된 상태에서 몸통에 세로로 칼집을 넣어 펼친 다음 창자를 떼어 내면 된다.

채소 망으로 오징어를 긁으면 껍질이 금방 깨끗하게 벗겨진다

오징어 표면을 채소가 들어 있던 망으로 긁으면 껍질이 망에 달라붙어 깨끗하게 벗겨지고, 시간도 절약된다.

작아진 무를 갈 때는 이쑤시개를 이용한다

강판에 갈아서 작아진 무는 이쑤시개 2개를 이용하면 끝까지 갈 수 있다. 무에 이쑤시개를 꽂은 다음 잡고 갈면 손가락을 다칠 위험도 없고, 버리는 부분 없이 끝까지 갈 수 있다.

포일을 씌워 생강 즙을 짠다

알루미늄 포일을 강판의 크기에 맞게 씌운 다음 생강을 간다. 포일을 벗기면 강판에 잔여물이 남지 않아 즙을 남김없이 짤 수 있다.

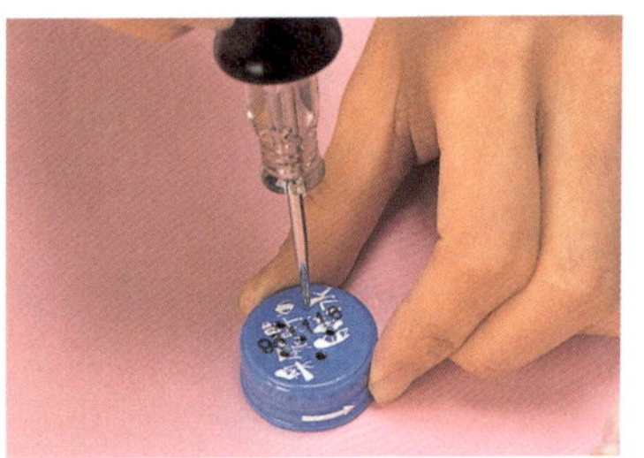

▲ 뚜껑에 구멍을 뚫을 때는 날카로운 드라이버를 사용해도 된다.

레몬 즙은 병 뚜껑을 이용해 짠다

적은 양의 레몬 즙이 필요할 때 이용하면 편리하다. 먼저 금속제 뚜껑에 송곳으로 8군데 정도 구멍을 뚫는다. 그런 다음 끝부분을 잘라 낸 레몬에 뚜껑을 비틀어 꽂고 레몬을 누르면 필요한 만큼의 즙을 짤 수 있다.

적은 양의 국물이 필요할 때는 쇠조리를 이용

조미 식초나 맑은 장국 1인분 등을 만들 때처럼 적은 양의 국물이 필요할 때 이용하는 방법이다. 차를 거르는 쇠조리에 가다랑어포를 조금 넣고 천천히 뜨거운 물을 부어 약 1분간 두면 진한 국물이 우러난다. 쇠조리 대신 차를 거르는 관을 이용해도 OK.

팬에 기름을 두를 때는 주둥이가 좁은 용기를 이용

불소 수지 코팅된 프라이팬은 기름을 조금만 둘러도 타지 않는다는 장점이 있다. 여기에 천원숍 등에서 쉽게 구할 수 있는 주둥이가 좁은 용기를 이용하여 기름을 두르면 적은 양이라도 골고루 두를 수 있다. 주방에서 쓰는 용기만 바꿔도 절약이 가능하다.

우유팩을 이용하여 계란물을 만들면 간편하다

계란 1개처럼 적은 양의 액체를 젓가락으로 푸는 용기로는 적당한 높이로 자른 우유팩이 안성맞춤이다. 방수 가공되어 액체가 잘 분리되고, 모서리가 주전자의 부리 역할을 하여 편리하다. 일회용라 설거지할 필요가 없다는 장점도 있다.

전자레인지를 이용하면 계란을 1분만에 삶을 수 있다

내열 용기에 계란을 깨서 넣은 다음 노른자가 터지지 않도록 이쑤시개로 5~6군데 정도 구멍을 뚫는다. 랩을 씌우고 전자레인지에 1분 정도 돌리면 '삶은 계란' 완성!

도시락용 채소나 메추리알은 빈 깡통을 이용하여 익힌다

적은 양의 채소를 데치거나 메추리알을 삶을 때는 통조림용 빈 깡통을 이용한다. 보통 냄비에 물을 끓이는 것보다 가스비와 수돗물을 절약할 수 있다. 빨리 가열되므로 불에 올려놓은 뒤에는 맨손으로 만지지 않도록 주의해야 한다.

삶은 메추리알은 도시락 통에 넣고 흔들어 깐다

계란보다 단단하고 크기가 작아서 껍질을 벗기기 어려운 메추리알. 삶은 메추리알 껍질을 벗길 때는 도시락 통에 넣고 뚜껑을 덮어 사방으로 흔들면 껍질에 금이 가서 쉽게 벗겨진다.

삶은 계란을 다질 때는 국자를 이용

샌드위치용 삶은 계란과 마요네즈를 그릇에 넣은 다음 국자의 등으로 눌러 으깬다. 흰자는 테두리로 눌러 자르면 된다. 이렇게 하면 칼로 하는 것보다 쉽게 다져진다.

흰자를 전자레인지에 돌리면 간편하게 므랭그 완성

빠른 시간 내에 므랭그(meringue : 설탕과 계란 흰자로 만든 크림 과자)를 만들고 싶을 때는 물기가 없는 내열 볼에 흰자를 넣고 거품을 내기 전에 전자레인지에 10~15초간 돌리면 된다. 이렇게 하면 거품을 내기가 쉽고 시간도 줄일 수 있다. 설탕은 어느 정도 거품이 일어난 다음에 넣는다.

투명한 병을 이용하면 내부를 보며 흔들 수 있어 안심

삶은 메추리알을 투명한 병에 넣고 흔드는 것도 좋은 방법이다. 껍질에 금만 가게 하는 것이 목적이므로 내부를 보며 흔들면 적절한 순간에 멈출 수 있다.

계란 팩을 이용하여 만두를 찐다

동일한 크기로 보기 좋게 만들기 어려운 찐 만두
는 계란 팩을 이용하면 고민 끝. 계란 팩의 한쪽
에 만두피를 깔고 만두소를 수저로 꼭꼭 누르며
균등하게 채워 나가면 된다.

페트병을 드레싱 계량 용기로 활용

500㎖들이 페트병의 측면에 유성 매직으로 10
㎖씩 눈금을 표시한다. 눈금을 보면서 분량의 액
체 조미료를 넣어 뚜껑을 덮고 흔들면 드레싱이
완성된다. 보관 용기로도 쓸 수 있어 일석이조다.

간이 찜기를 이용하여 쌀과 채소를 동시에 익힌다

밥을 지을 때 쌀 위에 간이 찜기를 올려놓으면 채
소나 계란을 동시에 찔 수 있다. 간이 찜기는 냄
비 직경에 맞춰 크기를 조절할 수 있어 편리하다.

냄비와 튀김용 젓가락을 이용하여 찜을 만든다

찜통이 없어도 냄비와 작은 공기, 튀김 젓가락을 이
용하면 찜 요리를 할 수 있다. 냄비에 물을 붓고 작
은 공기를 넣은 뒤 튀김 젓가락을 걸치고 뚜껑을 덮
으면 된다. 이렇게 하면 화력을 조절할 필요도 없다.

▼ 물을 2~3㎝ 정도 부은 냄비에 채소 즙을 섞은 계란
물을 넣은 작은 그릇을 집어넣는다. 냄비에 튀김용
젓가락 1개를 걸치고 뚜껑을 덮는 것이 포인트다. 일
정 온도 이상은 올라가지 않는 데다 뚜껑이 경사져
있어서 그릇으로 수증기가 떨어지지 않는다. 약 10
분간 가열하면 푸딩과 같은 느낌의 찜이 완성된다.

비닐 봉지로 일주일 분량의 즉석 된장국을 준비

일주일 분량의 즉석 된장국 재료를 미리 만들어 두면 바쁜 아침에 편리하다. 비닐 봉지에 된장 250g과 멸치가루(가다랑어포), 다진 대파 1/2뿌리를 넣어 잘 섞은 다음 끓는 물을 부으면 3초 만에 된장국이 완성된다.

레몬을 전자레인지에 돌리면 즙이 잘 짜진다

껍질이 단단해서 즙을 내기 힘든 레몬을 전자레인지에 20~30초(1/2개 기준)정도 돌린다. 이렇게 하면 레몬이 적당히 부드러워져 가열하기 전보다 2배 가까운 분량의 즙을 낼 수 있다.

▶ 브로콜리 등의 채소는 자루 달린 체에 넣어 데치면 일일이 건져낼 필요가 없어 편리하다.

파스타를 삶는 냄비에 계란과 채소도 함께 삶는다

파스타를 삶을 때는 계란과 채소도 함께 넣어 삶는 것이 효율적이다. 익는 데 시간이 걸리는 계란을 먼저 넣고, 파스타와 채소 순으로 집어넣는다.

전기 밥솥에 쌀과 감자를 함께 넣어 찐다

먹기 좋게 잘라 물에 담가 둔 감자를 알루미늄 포일로 단단히 싸서 전기밥솥에 함께 넣고 찌면 찐 감자가 된다. 밥이 다 지어지면 폭신한 찐 감자가 완성된다.

1. 다진 돼지고기와 다진 채소, 조미료 등 고기 경단에 필요한 모든 재료를 비닐 봉지 속에 넣는다.

2. 재료가 골고루 섞여 끈끈해지면 봉지의 한쪽 귀퉁이를 가위로 자른다.

같은 요령으로 고기 경단 튜브를 만든다

만두소 튜브와 같은 요령으로 고기 경단 튜브를 만들 수 있다. 재료를 반죽하여 잘 섞은 다음 균일하게 짜내는 과정도 똑같다. 손에 재료를 묻힐 염려가 없어 깔끔하고, 바쁜 아침 시간에 도시락을 준비할 때 큰 도움이 된다.

3. 재료가 흘러나오지 않도록 봉지 입구를 가볍게 묶은 다음 손으로 주물러 재료를 골고루 섞는다.

한쪽 귀퉁이를 잘라 내면 분량 조절이 가능한 만두소 튜브가 된다

비닐 봉지에 다진 돼지고기, 파, 부추 등의 재료와 조미료를 넣고 골고루 섞으면 만두소가 완성된다. 완성된 만두소를 한 귀퉁이를 잘라 낸 비닐 봉지에 넣고 만두피 위에 직접 짜면 된다. 손에 음식물이 묻지 않고, 분량 조절도 간편하다.

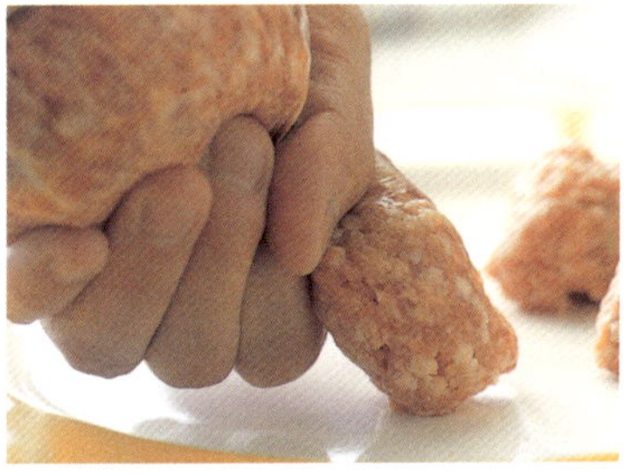

4. 끝에서부터 재료를 밀어내면 손을 더럽히지 않고 균일한 양을 짤 수 있다.

햄버거를 만들 때는 비닐 봉지를 손에 낀다

반죽된 햄버거의 모양을 다듬을 때는 손에 비닐 봉지를 끼고 하면 편리하다. 손에 음식물이 묻지 않는 데다 작업이 끝난 뒤엔 그대로 벗어 버리면 된다. 손목 부분을 고무줄로 고정하면 잘 벗겨지지 않는다.

비닐 봉지를 이용해 만드는 간단한 채소 절임

남은 채소를 활용하여 간단한 채소 절임을 만드는 방법이다. 먼저 채소를 먹기 좋은 크기로 잘라 비닐 봉지에 넣은 다음 소금을 약간 뿌려 잘 섞는다. 봉지 속의 공기를 빼고 입구를 묶어 냉장고에 1~2시간 정도 넣어 두면 된다. 먹을 때는 비닐 봉지를 비틀어 물기를 짜낸다.

비닐 봉지에 감자를 넣고 주걱으로 으깬다

으깬 감자 요리(매쉬드 포테이토)를 만들 때는 감자를 한 입 크기로 잘라 비닐 봉지에 넣어 전자레인지에 돌린다(찐 감자를 봉지에 넣어도 된다). 그런 다음 봉지 바깥쪽에서부터 주걱으로 감자를 으깬다.

밀가루와 빵가루를 비닐 봉지에 넣어 튀김옷을 입힌다

튀김옷을 입힐 때는 밀가루와 빵가루를 각각 다른 비닐 봉지에 넣고 재료를 넣어 흔들면 된다. 이렇게 하면 뒷정리도 간단하고 손도 더러워지지 않는다. 닭튀김에 녹말가루를 묻힐 때도 응용할 수 있는 방법이다.

과자용 가루를 섞을 때도 비닐 봉지를 이용한다

핫케이크나 도넛 등을 만들 때도 비닐 봉지를 이용한다. 비닐 봉지에 필요한 재료를 모두 넣은 다음 한 손으로 입구를 꽉 쥐고 다른 손으로 봉지를 주무르면 된다. 뒷정리를 할 때도 설거지 양이 줄어든다.

케이크의 재료를 계량할 때는 1~2회분을 비닐 봉지에 더 준비해 둔다

재료를 계량하기 번거로운 케이크를 만들 때는 밀가루와 설탕을 1~2회분 더 계량하여 1회분씩 비닐 봉지에 넣어 고무줄로 막은 다음 밀폐용 봉지에 레시피와 함께 보관하면 편리하다.

우유팩으로 간편하게

COOKING

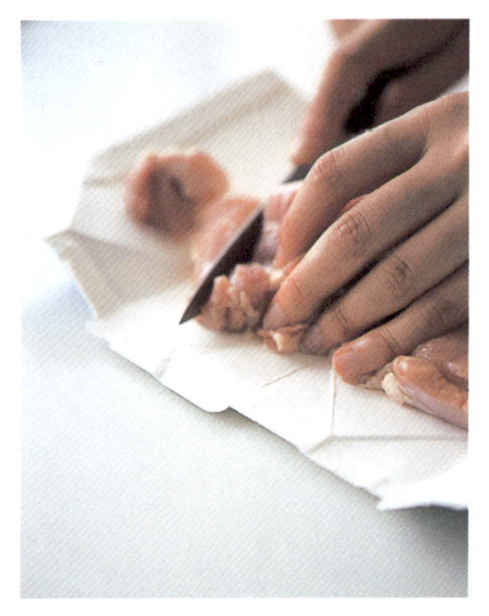

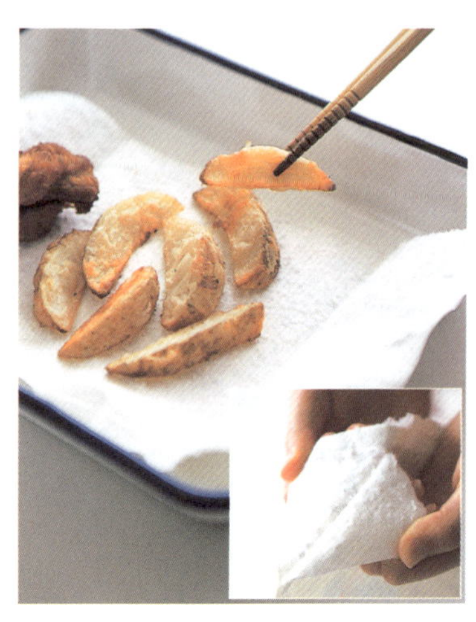

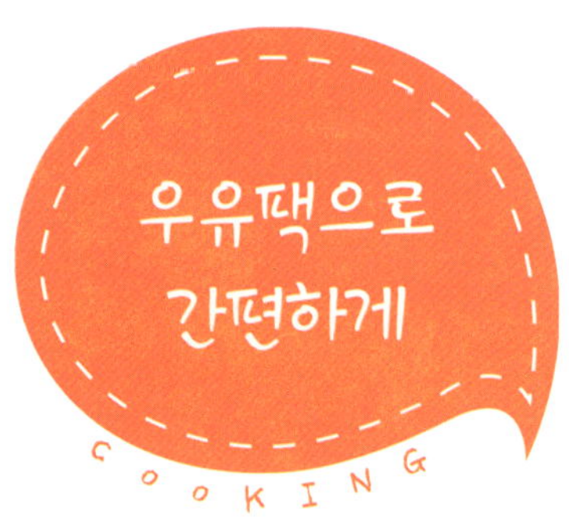

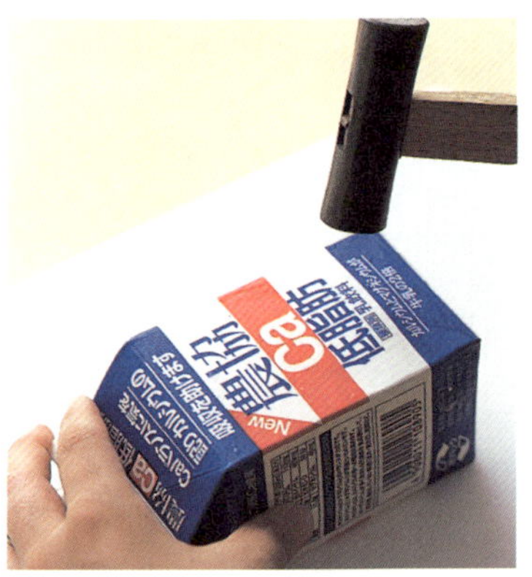

우유팩에 물을 담아 얼려 얼음을 만든다

우유팩에 물을 2/3 정도 부은 다음 클립 등으로 입구를 막아 냉동실에 넣는다. 팩 위에서 망치로 두들겨 깨면 큼지막한 얼음을 얻을 수 있다. 냉동실에 얼린 일반 얼음보다 투명하다.

생선이나 고기를 손질할 때는 우유팩을 도마로 이용

우유팩을 펼쳐 도마를 만들 수 있다. 종이가 두툼해서 칼이 닿아도 잘라지지 않고, 물에 젖지 않아 편리하다. 생선이나 고기를 잘라도 비린내나 얼룩이 밑으로 스며들지 않는다. 다 쓴 뒤에는 씻어 낼 필요 없이 그대로 버리면 된다.

키친 페이퍼 대신 우유팩으로 기름기를 흡수

우유팩의 안쪽 필름을 벗겨 내면 기름기를 흡수하는 키친 페이퍼로 쓸 수 있다. 필름은 우유팩을 잘라 펼친 다음 입구 쪽부터 벗겨 낸다. 흡수력이 강한 데다 두툼해서 키친 페이퍼로는 물론 접시로도 쓸 수 있다.

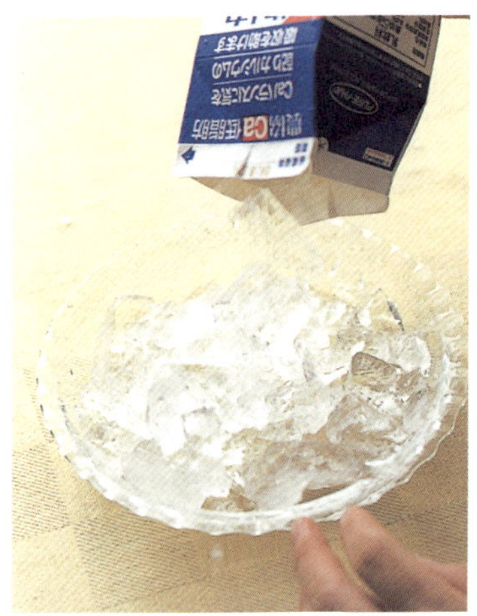

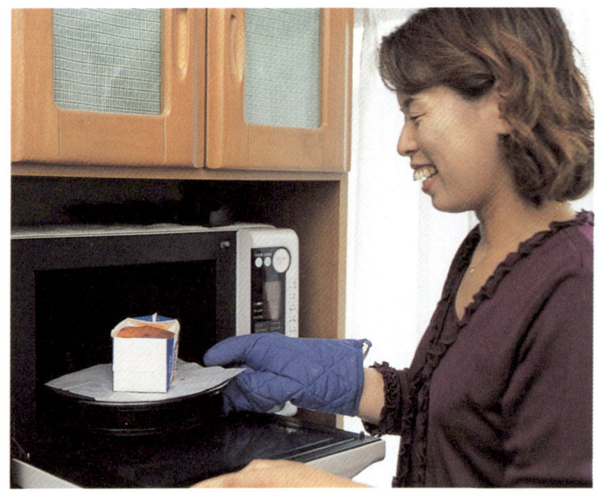

초간단 우유팩 모양 케이크 만들기

1. 상온에서 버터 60g에 계란 1개와 설탕 6큰술, 우유 1큰술을 잘 섞는다.
2. 박력분 1컵과 베이킹파우더 1/2작은술을 체에 쳐서 ①과 섞는다.
3. 우유팩에 ②를 넣고 오븐 시트를 깐 철판 용기에 얹어 180℃의 오븐에서 약 30분간 굽는다. 식은 다음 틀에서 빼낼 때도 우유팩을 벗기기만 하면 되기 때문에 간편하다.

우유팩 모양 케이크 만들기

우유팩의 한 면을 잘라 내고 입구의 벌려진 부분을 스테이플러로 고정하여 상자 모양을 만든다. 이것을 케이크 틀로 사용하면 오븐에 넣어도 타지 않는다.

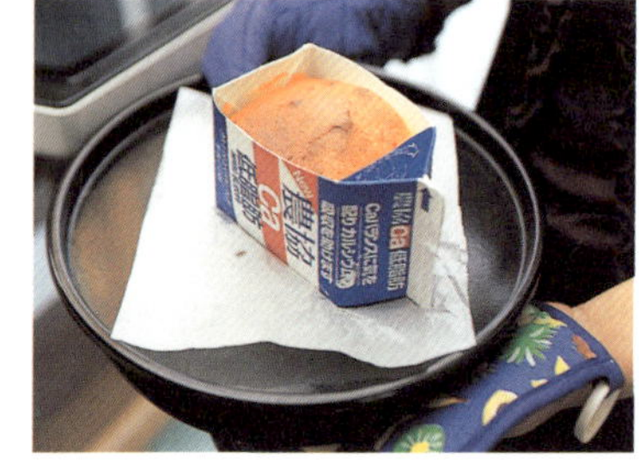

우유팩으로 만드는 삼각 주먹밥

우유팩을 잘라서 펼친 다음 3면에 물과 소금을 바르고 밥과 소를 얹는다. 골고루 힘을 주어 팩을 꽉 눌러서 끝부분부터 칼로 자르면 삼각 주먹밥 완성.

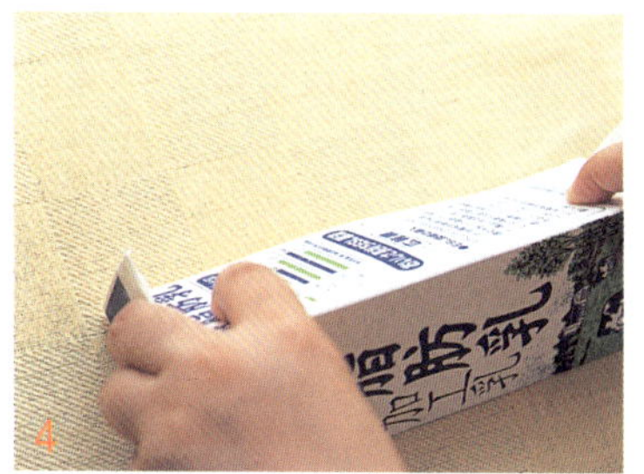

흔들기만 하면 완성되는 우유팩 아이스크림 케이크

우유팩을 열심히 흔들어 얼리기만 하면 맛있는 아이스크림이 완성된다. 블루베리 잼이나 코코아 쿠키 등 좋아하는 재료를 섞어도 좋다.

초간단 우유팩 아이스크림 만들기
1. 생크림(동물성) 200㎖와 설탕 4큰술을 우유팩에 넣은 뒤 입구를 잡고 흔든다.
2. 우유 100㎖를 넣고 가볍게 흔들어 섞는다.
3. 코코아 쿠키 7~8개 정도를 부숴 넣고 가볍게 흔들어 입구를 막고 냉동실에 넣어 반나절 정도 얼린다.
4. 우유팩째 원하는 크기로 잘라 팩을 벗겨 그릇에 담는다.

망 국자로 만드는 달걀국

달걀국을 만들 때는 녹말가루로 걸쭉한 맛을 낸 국물에 망 국자를 통해 계란물을 흘려 넣으면 된다. 계란물이 그물 사이로 실처럼 가늘게 흘러내려 보기 좋은 달걀국이 완성된다.

프라이팬 대신 국자를 이용해 만드는 도시락 반찬

국자를 직접 불 위에 올려놓고 기름을 충분히 둘러 미니 오믈렛이나 메추리알 프라이를 만들어 보자. 도시락 반찬을 만들 때 번거롭게 프라이팬을 꺼내지 않아도 되고, 조리가 간편하다.

닭 가슴살의 힘줄은 구멍 뚫린 국자로 떼어 낸다

닭 가슴살의 힘줄을 손으로 떼어 내려고 하면 모양이 변하기 쉽다. 이때는 구멍 뚫린 국자에 닭 가슴살을 얹은 다음 구멍에 힘줄을 넣고 잡아당기면 깨끗하게 제거된다.

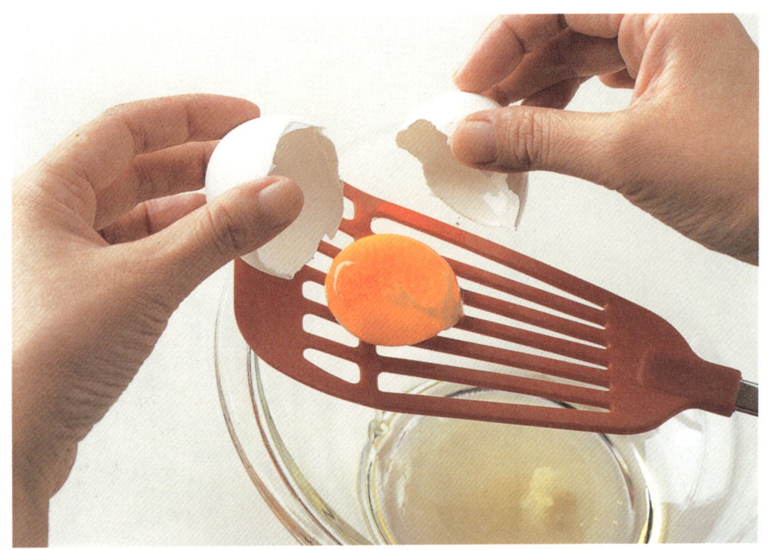

달걀 흰자와 노른자는 뒤집개로 분리

달걀 노른자와 흰자를 분리할 때는 뒤집개를 이용한다. 볼에 걸쳐 놓은 뒤집개 위에 계란을 깨면 흰자는 뒤집개의 구멍으로 빠져나가고 노른자만 남는다. 이렇게 하면 노른자가 깨질 염려도 없다.

간편하게 거품기로 된장 풀기

된장을 거품기로 풀면 철사 사이에 된장이 끼어 오히려 더 번거로울 것 같지만 실제로 해 보면 그렇지 않다. 거품기를 천천히 돌리면 된장이 국물에 녹아들 듯이 잘 풀린다.

삶은 계란도 거품기로 으깬다

샌드위치나 샐러드 등에 너무 잘게 으깨지 않은 삶은 계란을 넣고 싶을 때는 거품기로 몇 번 눌러 주는 것이 효율적이다. 도마와 칼이 필요 없을 뿐만 아니라 속도도 빠르다.

다진 돼지고기는 거품기로 분리

다진 돼지고기를 분리할 때는 튀김용 젓가락보다 거품기를 사용하는 것이 좋다. 불에 올린 다음 거품기로 살살 휘저어 주면 잘 분리된다.

공기 2개로 뜨거운 만드는 주먹밥

뜨거운 밥으로 주먹밥을 만들 때는 공기에 적당한 양의 밥을 담고 김, 깨, 소금 등을 뿌린다. 그런 다음 다른 공기를 뚜껑 삼아 덮고 아래위로 가볍게 흔들면 된다. 뚜껑을 열면 주먹밥 완성.

손에 물 묻히지 않고 거품기로 쌀 씻기

날씨가 추워져 물이 차갑게 느껴지거나 손에 상처가 났을 때는 거품기로 쌀을 씻는다. 거품기를 사용하면 쌀겨가 더욱 빨리 분리되어 헹구는 횟수도 줄일 수 있다.

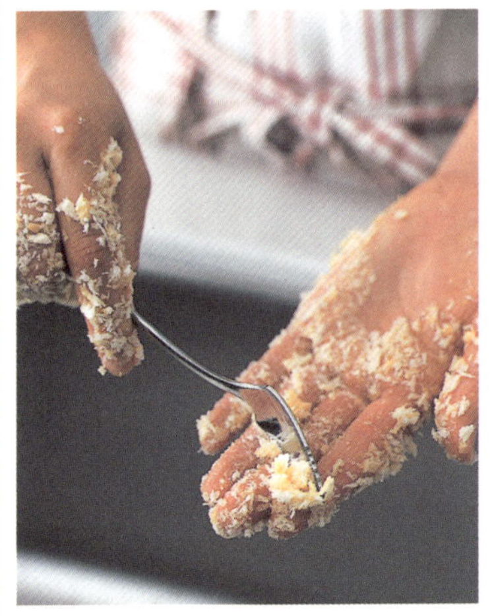

손에 묻은 반죽은 스푼으로 긁어낸다

튀김옷이나 빵을 반죽하고 난 뒤에는 손에 반죽
이 묻어 수도꼭지를 만지기가 망설여진다. 이때
는 자몽용 스푼의 톱니 부분으로 긁어내면 OK.

포크로 만두를 예쁘게 빚는다

자칫 두꺼워지거나 떨어지기 쉬운 만두는 포크
를 이용해 만들면 모양도 예쁘고 편리하다. 만두
소를 만두피의 중앙에 얹고 반으로 접은 뒤 포크
의 등으로 끝부분을 누르기만 하면 된다. 물을
평소보다 조금 더 많이 묻힌다.

튀김 쟁반으로 이용하는 생선 그릴

가스레인지의 생선 그릴을 튀김용 쟁반으로 이
용한다. 그릴을 빼서 신문지나 키친 페이퍼를 깔
고 막 건져낸 튀김을 올려놓으면 된다. 기름기를
닦아 낼 필요가 없어 뒷정리도 간편하다.

찐 감자는 포크로 으깬다

찐 감자나 당근, 삶은 계란을 으깰 때도 포크를 사용하면 편리하다. 포크 끝으로 재료를 부수고 등으로
누르면 큼직한 감자도 쉽게 으깰 수 있다.

볼을 2개 겹쳐 많은 양의 채소 절임을 만든다

비닐 봉지로 간단히 채소를 절이는 방법도 있지만 양이 많을 때는 우선 볼을 2개 준비한다. 한쪽에 잘게 썬 채소와 소금을 넣고 섞은 다음 다른 한쪽에는 물을 가득 부어 채소위에 올려놓는다. 중간에 2~3회 정도 뒤적여 반나절에서 하루 정도 놓아두면 맛있는 채소 절임이 된다.

마늘을 으깰 때는 나무 주걱으로

마늘을 으깰 때는 칼의 측면보다 나무 주걱을 이용하는 것이 더 안전하고 힘도 덜 든다. 나무 주걱의 움푹 패인 쪽을 손바닥에 대고 경사를 이용하여 누른다.

체와 냄비로 만드는 즉석 찜기

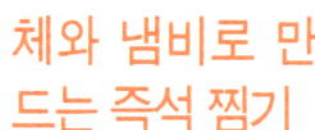

찜기가 없을 때는 냄비에 3㎝ 정도 물을 붓고 체를 뒤집어 넣은 다음 체 위에 쿠킹 시트를 깔면 된다. 불에 올려놓고 물이 끓기 시작할 때 만두를 얹어 찌면 탱탱한 찐 만두 완성.

금속제 소쿠리로 대용 가능한 찜기

금속제 소쿠리도 찜기로 활용할 수 있다. 냄비에 물을 반 정도 붓고 소쿠리를 넣은 뒤 그 위에 내열 접시를 얹으면 된다. 그런 다음 접시에 찌고 싶은 재료를 올려 가열하면 끝. 냄비 바닥에 나무젓가락 1벌을 벌려 놓고 속이 깊은 접시를 올리는 방법도 있다.

튀김옷을 입힐 때는 재활용 스티로폼을 이용

재료에 튀김옷을 입힐 때 지나치게 큰 그릇에 담으면 밀가루와 계란 등의 재료를 낭비하게 된다. 이때는 고기나 생선을 담아 파는 슈퍼마켓의 스티로폼이 안성맞춤. 일회용이라서 뒷정리도 간편하다.

우엉 껍질을 벗길 때는 식빵 봉지의 클립으로

식빵 봉지의 플라스틱 클립은 단단하고 안정감이 있어서 우엉 껍질을 벗기는 데 안성맞춤이다. 껍질이 얇은 햇감자의 껍질을 벗기는 데도 좋다.

페트병 바닥으로 만드는 패밀리 레스토랑의 런치 라이스

1.5ℓ들이 탄산 음료 페트병 바닥을 모양 틀로 이용하여 패밀리 레스토랑풍의 어린이용 런치 라이스를 만들 수 있다. 바닥에서 높이가 약 8㎝ 되는 부분을 잘라 그 안에 밥을 담아 엎기만 하면 된다. 밥알이 붙지 않고 잘 빠지는 것이 장점.

채반으로 사용하는 구멍 뚫린 스티로폼

재활용 스티로폼 2개를 준비하여 대꼬챙이로 구멍을 뚫어 채소의 물기를 빼는 채반으로 이용할 수 있다. 조금 깊은 것이 물이 잘 빠져서 사용하기에 편리하다.

금속제 뚜껑을 모양 틀로 이용한 화려한 도시락

영양 드링크제나 조미료 등의 금속제 뚜껑을 당근이나 치즈, 어묵 등의 모양 틀로 이용한다. 뚜껑의 크기가 다양하므로 용도에 맞게 선택하면 된다. 도시락에 안성맞춤이다.

◀ 찍어낸 재료가 빠지지 않을 것에 대비해 뚜껑 가운데에 송곳 등으로 구멍을 뚫어 둔다.

▶ 공기 구멍에 이쑤시개를 꽂아 넣고 눌러 빼내면 모양이 상하지 않고 잘 빠진다.

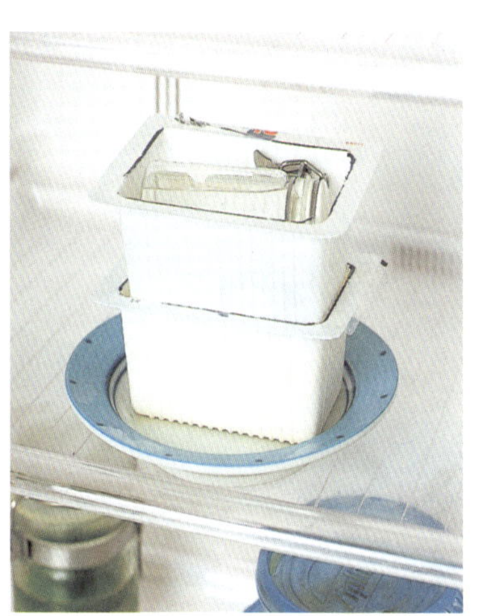

두부 용기 2개로 두부의 물기를 제거

상하기 쉬운 두부의 물기를 제거할 때 사용하는
방법이다. 먼저 용기에 든 물을 버리고 접시에
올려놓은 다음 그 위에 빈 두부 용기를 엎는다.
빈 용기 속에 통조림처럼 무게가 있는 물건을
집어넣고 냉장고에 넣으면 된다. 약 20분이면
완료.

알루미늄 컵 사이의 얇은 종이로 기름기를 닦아 낸다

도시락 반찬으로 튀김을 몇 개 튀길 때는 키친
페이퍼 1장을 다 쓰기가 아깝다. 이럴 때는 알루
미늄 컵 사이에 끼어 있는 흰 종이를 사용하여
기름기를 닦아 내면 된다. 크기가 적당하고 흡수
력도 좋아 편리하다.

케이크 틀로 사용하는 빈 캔

빈 캔에 오븐 시트를 깔아 케이크 틀로 사용할
수 있다. 쿠키 캔 등을 사용하면 큼지막한 케이
크가 되고, 참치 캔처럼 작은 것을 사용하면 작
고 귀여운 케이크가 완성된다.

일회용 국수방망이로 사용하는 랩 심

만두피나 빵을 만들 때 빼놓을 수 없는 국수방망
이. 랩 심이 그 대용으로 안성맞춤이다. 가볍고
튼튼한 데다 일회용이어서 뒷정리가 간편하다.

삶은 달걀은 귤 망에 넣어 다진다

삶은 달걀을 잘게 다지고 싶을 때는 귤 망을 사용하
는 것이 좋다. 깨끗이 씻은 망에 삶은 달걀을 넣고
꾹 누르기만 하면 달걀이 놀랄 만큼 잘게 다져진다.

오븐 시트로 사용하는 햄버거 포장지

햄버거를 먹은 다음 포장지를 버리지 말고 모아
두자. 보온성과 내수성이 있어서 쿠키를 구울 때
시트로 이용할 수 있다. 잠시 놓아두면 여분의
기름기를 흡수하는 효과도 있다.

마요네즈 용기에 생크림을 넣고 흔들어 거품을 낸다

생크림의 거품을 낼 때는 마요네즈나 케첩 용기를 사용하는 것이 좋다. 생크림을 용기에 붓고 뚜껑을 닫아 흔들기만 하면 된다. 이렇게 하면 볼에 넣고 거품을 내는 것보다 훨씬 빠르다. 그대로 짜내면 별 모양의 장식이 된다.

기름은 필름 통과 미니 타월을 이용해 닦는다

미니 타월을 감아서 필름 통에 눌러 넣으면 삼겹살을 구워 먹을 때 기름 닦는 도구로 활용할 수 있다. 천이 더러워지면 바꾸면 된다. 거꾸로 세워 놓을 수 있어 더욱 편리하다.

동그란 주먹밥 만들기

집에 사진과 같은 용기가 굴러다니고 있다면 주먹밥을 만드는 데 이용한다. 용기를 깨끗이 씻어 안쪽에 물을 묻히고 준비된 밥을 가득 담는다. 그런 다음 뚜껑을 덮고 잘 흔들어 주면 작고 동그란 주먹밥이 완성된다.

PART 2 | 식품 보관

KEEPING

식비를 절약하기 위해서는 제철 식품이나 특가 상품을 한꺼번에 구입하는 것이 유리하다. 또한 애써 장만한 음식 재료를 남김없이 맛있게 먹기 위해서는 보관과 냉동, 해동 등에 대한 노하우와 타이밍에 대해 알아두는 것도 좋다. 남은 반찬을 다시 이용하는 방법도 꼭 활용해 보자.

 ·  · 

양상추 심에 젖은 페이퍼를 넣어 신선함을 유지

쉽게 시드는 양상추는 심을 도려낸 자리에 물에 적신 키친 페이퍼를 넣은 다음 비닐 봉지에 넣어 야채실에 보관하면 된다. 이렇게 하면 오랫동안 수분을 흡수할 수 있어 다 먹을 때까지 싱싱하게 보관할 수 있다.

깻잎이나 푸른 차조기를 오랫동안 신선하게 보관하는 방법

깻잎이나 푸른 차조기는 빈 병 바닥에 물에 적신 키친 페이퍼를 깔고 줄기가 밑으로 오도록 넣어 냉장 보관하면 된다. 줄기에서 수분을 빨아들이기 때문에 1~2주간은 신선함을 유지할 수 있다.

콩나물은 물에 담가 냉장 보관

콩나물은 비닐 봉지에 넣어 그대로 방치하면 금세 상한다. 물이 담긴 밀폐 용기에 옮겨 담고 냉장 보관하면 아삭아삭한 맛이 오랫동안 유지된다. 용기 속의 물은 자주 갈아준다.

▼ 입김을 넣은 녹황색 채소(왼쪽)와 넣지 않은 채소를 5일이 지난 뒤 비교해 놓은 것. 오른쪽은 아직 잎 끝이 싱싱하다.

비닐 봉지에 입김을 불어넣으면 녹황색 채소를 오래 보관할 수 있다

녹황색 채소는 비닐 봉지에 넣어 입김을 넣은 다음 잘 밀봉하여 보관한다. 입김 속에 함유된 이산화탄소 덕분에 오랫동안 보관이 가능하다. 분무기로 적신 신문지에 싸서 야채실에 보관해도 된다.

감자와 사과를 함께 두면 한 달 정도는 싹이 나지 않는다

감자와 사과를 함께 보관하면 사과에서 배출되는 에틸렌 가스가 감자의 발아를 늦춰 주어 구입 후 한 달 정도는 싹이 나지 않게 보관할 수 있다. 사과 1개를 감자 사이사이에 묻듯이 같은 용기에 넣어 두기만 하면 된다.

상온에 보관하는 야채는 통기성이 좋은 화분에 넣어 둔다

상온에 보관하는 야채는 유약을 바르지 않은 화분에 넣어 두면 부엌에 방치하는 것보다 7~10일 정도 더 오래 보관할 수 있다. 통기성이 뛰어나 주위보다 온도가 2~3℃ 정도 낮기 때문에 감자의 발아 속도를 늦춰 준다.

곰팡이가 피지 않도록 떡을 물에 담가 두면 냉동하지 않아도 된다

떡은 공기와 접촉하지 않도록 물에 담가 두면 곰팡이가 생기지 않는다. 오랫동안 보관할 것이 아니라면 냉동실에 넣지 않아도 된다. 물을 자주자주 갈아주는 것이 포인트.

떡과 겨자를 함께 넣어 밀폐 용기에 보관

떡에 곰팡이가 피는 것을 방지하는 또다른 방법이다. 표면의 가루를 잘 털어 낸 떡을 밀폐 용기에 담은 뒤 물에 갠 겨자를 함께 넣고 냉장 보관한다. 겨자의 살균 효과로 곰팡이가 피지 않는다.

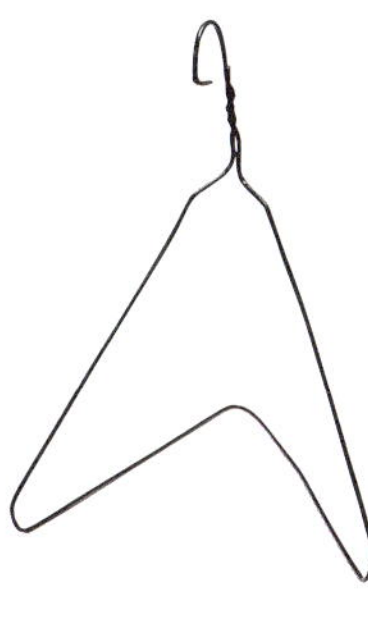

▼ 양끝을 잡고 가운데서 앞쪽으로 90° 구부린 뒤 목 부분도 약간 앞쪽으로 구부려 만든다.

바나나는 옷걸이에 걸어 두면 쉽게 상하지 않는다

상하기 쉬운 바나나를 오래 보관하기 위해서는 매달아 두는 것이 가장 좋다. 철사 옷걸이로 만든 바나나 걸이만 있으면 어디서든 신선하게 보관할 수 있다.

술에 담갔던 떡은 알코올이 살균 작용을 하여 곰팡이가 피지 않는다

떡을 일단 술에 담갔다가 잘 닦은 뒤 비닐 봉지에 넣어 냉장고에 보관한다. 이렇게 하면 알코올이 살균 작용을 하여 곰팡이가 피지 않는다.

* 빈 달걀 팩, 냉동 식품 용기, 아이들 과자 팩 등 재활용 용기를 이용하여 냉동 식품을 보관하면 때에 따라 양 조절이 가능하고, 냉동실 공간도 많이 차지하지 않아 효과적이다. 꼭 필요한 분량만큼 나누어 담고 눈에 잘 보이게 정리하여 방치해 두는 식품 없이 신속하고도 간편하게 요리를 즐겨 보자.

냉동실에 알루미늄 포일을 깔면 효율이 향상

알루미늄은 열 전도율이 높기 때문에 냉동실에 포일을 깔면 효율성이 높아진다. 이렇게 하면 문을 자주 열고 닫더라도 냉동실의 온도가 일정하게 유지되어 안심할 수 있다.

데친 시금치는 비닐 봉지에 조금씩 나누어 담아 냉동

데친 시금치는 먹기 좋게 잘라 사진처럼 비닐 봉지에 넣어 공기를 뺀 다음 고무줄로 묶는다. 조리할 때는 비닐 봉지의 옆부분을 찢거나 가위로 잘라 원하는 만큼 해동하여 사용하면 된다. 도시락 등에 적은 양을 이용할 때 안성맞춤인 보관 방법.

빈 달걀 팩에 남은 카레를 담아 냉동

잘 씻어서 말린 빈 달걀 팩에 남은 카레나 스튜를 식혀서 담고 냉동한다. 크로켓이나 빵의 소로 쓰기에 알맞은 크기로, 밑에서 누르면 잘 빠지기 때문에 해동하지 않고도 사용 가능하다.

빈 달걀 팩에 양념을 1회분씩 넣어 냉동

마늘이나 생강 등의 양념은 한 번에 사용하는 양이 많지 않기 때문에 빈 달걀 팩에 1회분씩 담아 냉동하여 필요한 만큼만 꺼내 쓰는 것이 효율적이다. 생강과 파를 동시 보관해도 OK.

다진 생강은 일회용 커피 크림 용기에 담아 냉동

커피 크림 용기에 다진 생강을 담아 밀폐 용기나 비닐 봉지에 넣어 냉동 보관한다. 아래쪽을 누르면 쉽게 빠지므로 볶음 요리 등을 할 때 해동하지 않고 프라이팬에 직접 넣으면 된다.

냉동 식품 재활용 용기에 반찬을 나누어 담아 냉동

크로켓이나 물만두 등의 냉동 식품에 쓰이는 재활용 용기에 도시락 반찬을 나누어 담아 냉동 보관한다. 특히 녹미채 조림이나 콩 조림처럼 일정한 형태가 없는 반찬을 냉동 보관하는 데 안성맞춤이다.

남은 국물은 과자 팩에 넣어 냉동

조림 요리에 쓰고 남은 국물을 조금씩 나누어 얼려 두면 편리하다. 보관 용기로는 속이 깊은 빈 과자 팩을 활용한다. 사용할 때는 밑바닥을 눌러 떼어 내면 된다. 간장을 쓰는 요리의 맛을 돋우고 싶을 때 사용한다.

물기 있는 음식의 냉동 보관에는 우유 팩을 이용

카레나 스튜처럼 물기가 있는 반찬이 남았을 때는 우유팩에 넣어 냉동 보관하는 것이 가장 좋다. 입구를 잘 닫아 세워 두면 샐 염려도 없다. 해동하거나 조리할 때는 필요한 만큼만 팩을 찢어 냄비에 넣으면 된다.

프라이팬에 알루미늄 포일을 깔면 2~3배 빨리 해동

알루미늄 포일의 높은 열 전도율은 냉동뿐만 아니라 해동에도 이용할 수 있다. 불소 수지 가공 처리된 프라이팬(이것도 열 전도율이 높다)에 포일을 깔고 그 위에 냉동 식품을 올려놓으면 평소보다 2~3배 빨리 해동된다.

두부를 냉동하면 색다른 맛의 두부가 완성

쓰고 남은 두부는 가볍게 물기를 뺀 다음 랩으로 싸서 밀폐 봉지에 넣는다. 냉동 보관하면 두부 속의 수분이 얼어 일반 두부와는 씹는 맛이 전혀 다른 두부가 탄생한다. 냉동 상태로 냄비에 넣어 초간장에 조려 먹어도 맛있다.

끓인 물로 만든 얼음은 투명하며 천천히 녹는다

한번 끓여서 식힌 물로 만든 얼음은 일반 얼음에 비해 더 오래 사용할 수 있다. 끓으면서 수분 속의 공기가 빠져나가 밀도가 높아지기 때문이다. 공기가 적은 만큼 얼음의 온도가 올라가지 않으며, 더 투명하다.

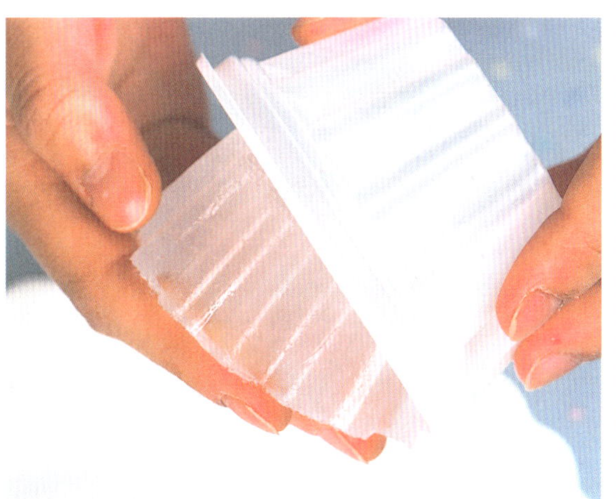

아이스크림 용기로 간편하게 얼음 만들기

아이스크림 용기에 얼음을 얼려 보자. 용기가 얇은 데다 울퉁불퉁한 홈이 있어서 힘을 주지 않아도 얼음이 쉽게 빠진다. 뚜껑이 있어서 여러 개를 차곡차곡 쌓아 수납할 수 있다는 것도 장점.

빈 아이스크림 용기로 만드는 둥근 얼음

원형 아이스크림의 빈 용기를 활용하면 작고 둥근 모양의 얼음을 만들 수 있다. 용기의 아랫부분을 누르면 얼음이 쉽게 빠진다.

야채 냉동법 32가지

많은 양을 저렴하게 구입한 제철 야채를 버리지 않고 끝까지 알뜰하게 먹으려면 냉동 노하우를 알아둘 필요가 있다. 올바른 냉동법을 알아두면 재료는 물론 시간과 식비까지 절약할 수 있다.

당근 얇게 썰어 그대로 냉동

1mm 정도의 두께로 썰어 가열하지 않고 그대로 냉동한다. 원하는 모양으로 잘라 두어도 편리하다. 수프나 볶음밥은 냉동 상태로, 볶음 요리나 샐러드는 반 해동 상태로 그대로 조리한다.

가지 살짝 데쳐 물기를 짠다

껍질을 벗겨 4~5cm 길이로 8등분한다. 3~4분 정도 데쳐 떫은맛을 우려낸 뒤 물기를 짜서 냉동 보관한다. 조리할 때는 자연 해동하는 것이 좋다. 조림을 할 때는 냉동 상태도 OK

무 얇게 썰어 그대로 냉동

1~2mm 두께로 은행잎 썰기나 채썰기를 하여 그대로 냉동한다. 수분이 많으면 물기를 닦아 낸다. 냉동 상태로 국이나 조림에 넣는다. 무침 요리에 이용할 때는 자연 해동하여 수분을 짜면 된다.

토마토 통째로 냉동하고, 끓는 물을 부어 껍질을 벗긴다

신선할 때 꼭지를 떼고 씻은 뒤 물기를 닦아 적당한 크기로 자르거나 통째로 냉동한다. 냉동 상태로 끓는 물에 담갔다가 빼면 껍질이 쉽게 벗겨진다. 소스에는 반 해동 상태로 이용한다.

양파 얇게 썰어 그대로 냉동

1~2mm 두께로 얇게 썰어 냉동한다. 물에 닿게 하지 말 것. 잘게 썰어 볶아서 냉동해도 된다. 조림이나 국에는 냉동 상태로 이용한다. 냉동하면 맛이 빨리 배어든다.

부추 적당한 길이로 썰어 그대로 냉동

물로 씻은 뒤 물기를 완전히 제거하여 적당한 길이로 잘라 밀폐 봉지에 넣는다. 해동하면 끈끈해지므로 냉동된 상태로 된장국이나 볶음 요리에 넣는다.

숙주나물 살짝 볶아 냉동

샐러드유나 참기름에 살짝 볶아 표면에 기름 막을 만들어 냉동 보관한다. 염분을 첨가하면 수분이 빠져나오므로 소금은 넣지 않는다. 냉동 상태로 다른 야채와 함께 볶거나 라면에 넣어 이용한다.

셀러리 잘게 썰어 그대로 냉동

질긴 심줄을 벗겨 내고 1~2cm 길이로 썰어 그대로 밀폐 봉지에 넣어 냉동한다. 조림이나 수프에는 냉동 상태로, 볶음 요리에는 자연 해동하여 이용한다.

감자 가열하여 으깬 뒤 냉동

삶거나 전자레인지에 가열한 뒤 으깨어 냉동한다. 카레 등에 넣을 감자도 으깬다. 자연 해동하여 이용한다.

호박 한 입 크기로 잘라 가열

얇게 썰어 그대로 냉동하거나 한 입 크기로 잘라 가열해서 냉동한다. 조리가 끝난 조림도 냉동할 수 있다. 얇게 썬 것은 냉동 상태로, 한 입 크기의 것은 자연 해동하여 이용한다.

배추 소금에 버무리거나 소금물에 데친다

수분이 많아서 냉동하면 씹는 맛이 달라지므로 냉장 보관하는 것이 좋다. 냉동할 경우 적당한 크기로 잘라 소금에 버무리거나 소금물에 데쳐 물기를 제거하고 밀폐 봉지에 넣는다.

파 용도에 맞게 썰어 냉동

2~3mm로 잘게 썰거나 어슷어슷하게 썰어 나누어 냉동한다. 잘게 썬 것은 된장국이나 맑은 장국에, 어슷썰기한 것은 볶음 요리나 구이에 냉동 상태로 이용한다.

피망 간을 하지 않고 살짝 볶는다

1cm 이하로 잘게 썰거나 깍둑썰기하여 살짝 볶은 뒤 식혀서 냉동한다. 간을 하면 수분이 빠져나오므로 그대로 보관한다. 냉동 상태로 프라이팬이나 냄비에 넣어 간을 맞추며 해동한다.

연근 잘라서 식초 물에 데친다

용도에 맞게 둥글게 썰거나 반달썰기한다. 식초 물이 담긴 냄비에 넣고 5~6분간 데친 뒤 식혀서 냉동한다. 냉동 상태로 조림 요리 등에 이용한다.

우엉 쓴맛을 우려낸 뒤 가열하여 냉동

껍질을 벗겨 내고 세로로 얇게 썬 뒤 식초 물에 담가 쓴맛을 우려낸다. 1분간 데친 뒤 식혀서 냉동한다. 냉동 상태로 조림이나 국, 볶음 요리 등에 사용한다.

쪽파 물기를 제거하고 밀폐 용기에 보관

5mm~1cm 폭으로 잘게 썰어 냉동 과정에서 서로 달라붙지 않도록 물기를 제거한 뒤 밀폐 용기에 담는다. 이렇게 하면 필요한 양만큼 수저로 떠내어 쓸 수 있어 편리하다.

파슬리 잘게 다져 나눠 담는다

손가락으로 잎을 모아 가위로 잘게 자른 뒤 나눠 담는다. 냉동 상태로 수프나 파스타에 이용한다. 시간이 없을 때는 통째로 냉동해서 사용할 때 손으로 조금씩 부숴 넣어도 된다.

참마 갈아서 밀폐 봉지에 넣어 냉동

껍질을 벗겨서 강판에 갈아 식초 2~3방울을 넣고 섞는다. 밀폐 봉지에 넣어 평평하게 누른 뒤 냉동한다. 봉지째 흐르는 물에 해동하여 이용하거나 냉동 상태로 이용하면 된다.

브로콜리 송이와 줄기를 잘게 나눠 냉동

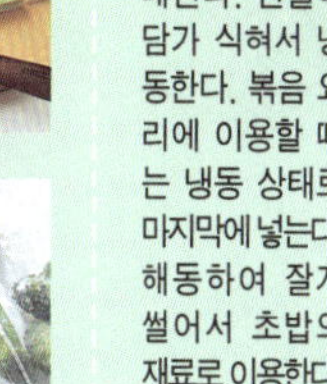

송이별로 나누고 줄기는 딱딱한 껍질을 벗겨 낸 뒤 세로로 자른다. 끓는 물에 소금을 넣고 데쳐 식으면 냉동한다. 냉동 상태로 수프나 스튜 등에, 자연 해동하여 샐러드에 이용한다.

꼬투리완두 심줄을 제거하고 데쳐서 냉동

심줄을 제거한 뒤 소금 물에 살짝 데친다. 찬물에 담가 식혀서 냉동한다. 볶음 요리에 이용할 때는 냉동 상태로 마지막에 넣는다. 해동하여 잘게 썰어서 초밥의 재료로 이용한다.

죽순 얇게 썰어 냉동

5mm 이하로 얇게 썰거나 채썰어 냉동한다. 자연 해동하여 조림이나 볶음밥, 만두, 볶음 요리 등에 넣는다.

표고버섯 얇게 썰어 냉동

밑동을 떼어 내고 먼지를 턴 뒤 2~3mm 폭으로 얇게 썰어 냉동한다. 깍둑썰기도 OK. 냉동 상태로 수프나 볶음, 조림, 파스타 소스, 달걀 찜 등에 넣는다.

아스파라거스 소금을 넣고 살짝 데쳐 냉동

적당한 크기로 잘라 끓는 물에 소금을 약간 넣고 약 30초간 데친다. 식혀서 냉동하여, 냉동 상태로 수프나 볶음, 파스타 소스 등에 넣는다. 미니 아스파라거스도 마찬가지다.

까치콩 살짝 데친 다음 냉동

꼬투리완두와 마찬가지로 살짝 데쳐 물에 담가 식으면 먹기 좋게 잘라 냉동한다. 냉동 상태로 국이나 소테(saute, 뜨거운 팬에 야채나 육류를 순간적으로 굽는 요리)에 반 해동하여 무침이나 조림에 이용한다.

고구마 푹 익힌 후 식혀서 냉동

1cm 두께로 둥글게 썰어 조미하지 않고 삶아 물기를 닦아 낸 뒤 식혀서 냉동한다. 냉동 상태로 된장국이나 조림에, 해동하여 스위트 포테이토에 이용한다. 조미한 것은 식혀서 국물과 함께 냉동한다.

느타리·팽이버섯 밑동을 떼고 손으로 잘게 나눈다

모두 밑동을 떼어 내고 팽이버섯은 뿌리 부분을 잘라 낸 뒤 손으로 잘게 뜯는다. 씻지 않고 그대로 냉동한다. 냉동 상태로 뜯어서 된장국이나 맑은 장국에 넣는다.

오크라 소금을 뿌려 살짝 데친다

소금을 뿌리고 솜털을 제거한 뒤 꼭지를 떼고 살짝 데쳐서 냉동한다. 단면의 모양을 살리는 요리에 이용할 때는 잘게 썬다. 냉동 상태로 볶음에, 자연 해동하여 잘게 썰어서 무침에 넣는다.

생강 갈아서 막대 모양으로 냉동

갈아서 랩으로 싼 뒤 약 20cm 길이의 가는 막대 모양을 만든다. 필요한 만큼 잘라 쓸 수 있어서 편리하다. 얇게 썰거나 채로 썰어도 된다. 냉동 상태로 볶음 요리 등에 넣는다.

토란 가열하여 껍질째 그대로 보관

껍질을 잘 씻어 전자레인지에 돌리거나 찜통에 찐다. 식힌 뒤에 껍질을 벗기지 않고 밀폐 용기에 넣어 냉동한다. 전자레인지에 해동하면 껍질이 쉽게 벗겨져 조리가 간편하다.

버섯 팩째 냉동실에 넣는다

팩째 냉동한다. 개봉한 것도 입구를 잘 닫아 팩째 넣으면 된다. 냉동 상태로 된장국이나 맑은 장국 등에 이용한다. 무침 요리에는 자연 해동한다.

시금치 데쳐서 물기를 짠 뒤 냉동

끓는 물에 소금을 넣고 살짝 데쳐 차가운 물에 담근다. 물기를 짜내고 적당한 크기로 잘라 냉동한다. 냉동 상태로 국이나 볶음에 넣고, 자연 해동하여 무친다.

마늘 용도에 맞게 분류하여 냉동

얇게 썰거나 잘게 다진 마늘을 분류하여 1회분씩 랩에 싸서 냉동한다. 사용할 때는 냉동 상태로 프라이팬에 넣는다.

생선·고기·가공 식품 냉동법 32가지

고기나 생선, 가공 식품의 냉동 노하우를 잘 익혀 두면 해동 후의 맛과 풍미가 달라진다. 포인트는 어떤 요리에 쓸 것인지를 정한 다음 사용하기 적합한 방법으로 냉동하는 것.

생선 흐르는 물에 씻어 소금을 뿌린다

전갱이나 정어리는 내장과 아가미를 제거하고 씻은 뒤 소금을 뿌린다. 물기를 닦아 내고 랩에 싸서 냉동한다. 냉장실에서 해동하거나 3%의 소금물에 담가 반 해동하여 조리한다.

조개 모래를 제거하고 잘 씻어 밀폐 용기에 넣는다

바지락이나 모시조개는 모래를 제거한 뒤 흐르는 물에 비벼 씻는다. 체에 건져 물기를 빼고 밀폐 용기에 넣는다. 냉동 상태로 조리하는 것이 기본이며, 된장국이나 맑은 장국에는 끓일 때 넣는다.

장어구이 그대로 또는 잘라서 냉동

꼬챙이에 끼워진 상태로 랩에 싸서 냉동해도 되고, 한 입 크기로 잘라 냉동해도 된다. 꼬챙이째 냉동한 것은 전자레인지에 해동하고, 한 입 크기로 자른 것은 자연 해동하여 조리한다.

유부 기름기를 빼고 잘라서 냉동

쉽게 상하므로 구입해서 바로 냉동 보관해야 한다. 끓는 물을 부어 기름기를 제거하고 사용하기 편한 크기로 잘라 냉동한다. 냉동 상태로 국이나 조림에, 자연 해동하여 무친다.

생선 토막 한 토막씩 랩에 싸서 밀폐 봉지에 보관

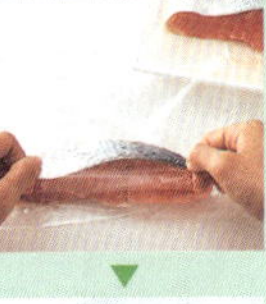

연어 등은 물기를 잘 닦아 낸 뒤 한 토막씩 랩에 싸서 밀폐 봉지에 넣는다. 냉동 상태로 그릴에 굽거나 된장을 바르고 소금을 뿌려 냉동해서 구워 먹어도 좋다.

새우·문어 비린내 제거를 위해 술을 뿌려 냉동

냉동 새우나 오징어는 일단 해동한 뒤에는 가열 조리하여 냉동하는 것이 좋다. 날 것은 술을 조금 뿌려 냉동한다. 사용하기 전날 냉장실로 옮겨 자연 해동하고, 조리할 때는 물기를 잘 닦아낸다.

곤약 냉동 후 달라진 맛을 즐긴다

데쳐서 물기를 닦아 내고 한 입 크기로 잘라 밀폐 봉지에 넣는다. 냉동 상태로 조림이나 볶음 등에 이용한다. 수분이 빠져 맛이 잘 배어들고 더욱 쫄깃한 맛이 난다.

청국장 용기째 냉동실에 보관

바로 먹지 않을 경우에는 용기째 냉동 보관한다. 비닐 봉지에 넣어 두면 냄새가 밸 염려가 없다. 사용하기 전날 냉장실로 옮겨 자연 해동한다. 몇 번 뒤적이면 끈기가 되살아난다.

다랑어 토막 랩에 싸서 밀폐 봉지에 넣어 냉동

공기가 들어가지 않도록 랩에 싸서 밀폐 봉지에 넣어 냉동한다. 해동 중에 색이 변하기 쉬우므로 간장에 담갔다가 빼는 방법도 있다. 냉장실로 옮겨 자연 해동하고, 상하기 전에 빨리 먹는다.

명란젓·연어(송어)알젓 조금씩 나누어 냉동

명란젓이나 연어(송어)알젓은 그대로 냉동한다. 한 입 크기로 자르거나 작은 컵 등에 나눠 담아 으깨어지지 않도록 한다. 사용하기 전날 냉장실로 옮겨 자연 해동한다.

어묵 한 입 크기로 잘라 냉동

원래 모양 그대로 냉동해도 되지만 미리 잘라 두면 조리할 때 편리하다. 한꺼번에 밀폐 봉지에 담아 냉동한다. 냉동 상태로 국이나 볶음에, 자연 해동하여 무침에 이용한다.

카레 감자를 미리 으깨어 둔다

감자는 냉동하면 씹는 맛이 거칠어지므로 미리 으깨어 둔다. 많은 양을 만들어 냉동해 두면 바쁜 아침 시간에 매우 편리하다. 반나절 전에 자연 해동하여 전자레인지에 가열한다.

건어물 수분이 적으므로 그대로 냉동

말린 전갱이 등의 건어물은 1개씩 랩에 싼 뒤 비닐 봉지에 넣어 냉동한다. 보관 기간은 2주 정도다. 냉동 상태로 알루미늄 포일에 싸서 굽는다.

마른 멸치 조금씩 랩에 싸서 냉동

주로 적은 양을 이용하므로 조금씩 나누어 보관한다. 공기가 차단되도록 랩에 잘 싸서 냉동실에 넣는다. 사용하기 약 30분 전에 실온 해동하거나 냉동 상태로 조리해도 된다.

게맛살 잘라서 잘게 찢어 냉동

1cm 길이로 잘라 잘게 찢어 냉동한다. 1회분씩 랩에 싸 두면 장식용으로 사용하기 편하다. 냉동 상태로 국이나 볶음에, 자연 해동하여 샐러드에 넣는다.

만두 가열 전에 녹말가루를 뿌려 냉동

어는 과정에서 껍질이 만두소의 수분을 흡수하면 맛이 떨어진다. 녹말가루를 골고루 뿌려 보관하면 된다. 군만두는 알루미늄 포일에 싸서 냉동한다. 포일째 토스터에 넣고 가열한다.

소시지 봉지째 또는 얇게 썰어서 냉동

많은 양을 구입했다면 조리할 양만 빼놓고 바로 냉동한다. 봉지째 냉동해도 서로 달라붙지 않는다. 얇게 썰거나 깍둑썰기하여 칼집을 넣어 냉동하면 그 상태로 조리할 수 있어 편리하다.

두꺼운 고기 1개씩 랩에 싸서 냉동

1개씩 랩에 싼 뒤 밀폐 봉지에 넣어 냉동한다. 밑간을 하거나 튀김옷을 입혀 냉동해도 좋다. 반나절 전에 냉장실로 옮겨 자연 해동한다. 밑간이나 튀김옷을 입힌 경우에는 해동하여 조리한다.

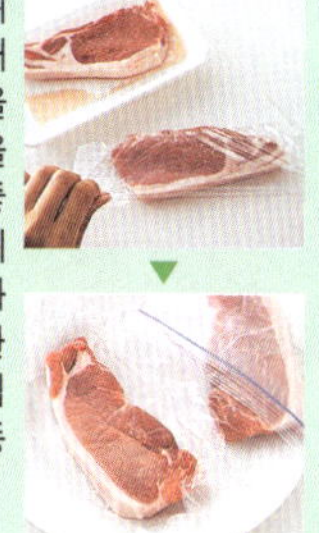

닭 날갯살 가열하여 냉동하면 더 맛있다

날 것으로 냉동해도 되지만 굽거나 튀겨서 냉동하면 고기 맛이 더욱 좋아진다. 냉동 상태로 토마토 조림 등에, 반 해동하여 카레나 소테 등에 넣는다.

면 삶은 면은 봉지째 냉동

국수나 우동 등의 삶은 면은 봉지째 냉동실에 넣었다가 냉장실로 옮겨 자연 해동한다. 여러 가지 재료를 넣고 국물을 푹 끓일 때는 냉동 상태로 넣어 조리해도 된다.

베이컨 1장씩 또는 잘라서 냉동

겹쳐진 상태로 냉동하면 서로 달라붙으므로 사진처럼 랩 위에 1장씩 얹은 뒤 접는다. 냉동 상태로 1장씩 떼어 사용한다. 1~3cm 폭으로 잘라 두어도 편리하다.

고기 덩어리 삶아서 국물과 함께 냉동

냉동하는 데 시간이 걸리므로 대파 잎 등을 넣어 푹 삶는다. 뜨거운 고기를 식혀서 국물과 함께 냉동한다. 사용하기 전날 냉장실로 옮겨 자연 해동한다. 수프 등에 조려서 냉동해도 된다.

계란 ① 얇거나 두껍게 구워 냉동

계란을 풀어 얇게 구운 뒤 랩에 1장씩 싼다. 두껍게 구워 1회 분량씩 잘라서 냉동해도 된다. 얇게 구운 것은 냉동 상태로 가위로 잘라 이용하고, 두껍게 구운 것은 자연 해동한다.

계란 ② 지단과 날계란을 냉동

지단은 한꺼번에 만들어 냉동해 두는 것이 편리하다. 날계란도 흰자와 노른자를 분리하여 작은 용기에 넣으면 냉동할 수 있다. 냉장실에서 자연 해동한다.

다진 돼지고기 평평하게 편 다음 금을 그어 냉동

밀폐 봉지에 넣고 평평하게 편 뒤 공기를 빼고 밀봉한다. 튀김용 젓가락을 눕혀 금을 그어 두면 이용할 때 편리하다. 사용하기 반나절 전에 필요한 만큼 잘라 냉장실로 옮겨 자연 해동한다.

닭 가슴살 1개씩 랩에 포장

물기를 닦아 내고 1개씩 랩에 싸서 밀폐 봉지에 넣어 냉동한다. 적당한 크기로 잘라 나눠 넣거나 소금, 후춧가루, 술을 넣고 전자레인지에 가열하여 냉동해도 된다. 냉장실에서 자연 해동한다.

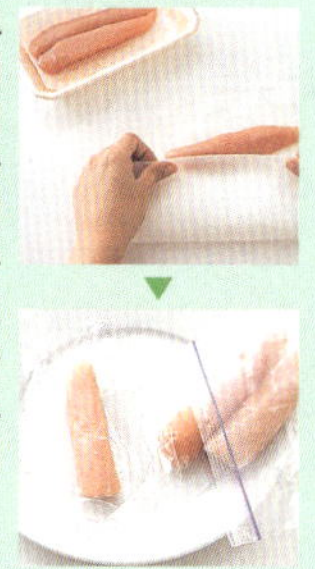

파스타 오일이나 버터를 묻혀 냉동

양이 많거나 지나치게 오래 삶은 파스타는 올리브유나 버터를 묻혀 냉동한다. 마카로니도 마찬가지다. 자연 해동하거나 전자레인지에 돌리면 달라붙지 않고 잘 녹는다.

빵 바로 구울 수 있는 형태로 냉동

식빵은 봉지째로, 바게트는 먹기 좋기 두께로 잘라서 냉동한다. 크림이 들어 있지 않다면 과자 빵도 OK. 냉동 상태로 토스터나 생선 그릴에서 가열한다.

얇은 고기 1장씩 랩에 싸거나 밑간을 한다

랩을 펼쳐 1장씩 사이사이에 간격을 두고 싼다. 밀폐 봉지에 넣어 냉동하면 사용할 때 잘 떼어져 편리하다. 간장이나 미림, 생강 즙으로 밑간을 해서 냉동해도 된다.

닭 껍질 막대 모양으로 말아서 냉동

막대 모양으로 만 뒤 랩으로 꼭꼭 싸서 냉동하면 사용할 때 편리하다. 필요한 만큼만 잘라 자연 해동한다. 바삭바삭하게 구워 안주 또는 조림 요리의 국물 맛을 내는 데 이용한다.

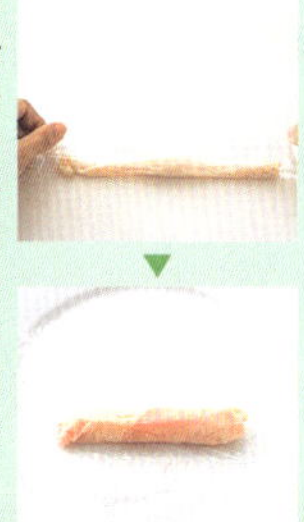

밥 한 그릇 분량씩 나눠 냉동

한 그릇 분량씩 나누어 랩에 싼 뒤 밀폐 봉지에 넣어 냉동한다. 전자레인지에 가열하여 해동한다. 시간이 지나면 맛이 떨어지므로 가열한 뒤에는 바로 먹는다.

과자 포장지째 또는 랩에 싸서 냉동

양갱이나 경단, 찹쌀떡처럼 쌀과 팥으로 만든 과자는 포장지째 또는 랩에 싸서 냉동한다. 먹기 반나절 전에 냉장실로 옮겨 자연 해동한다.

봉지에 조금 남은 된장은 된장 절임에 활용

봉지에 된장이 남아 있을 때는 오이 등의 야채를 준비해 된장 절임을 한다. 봉지에 소금을 약간 뿌린 뒤 살짝 물기를 짜낸 오이를 넣고 잠깐 놓아두면 된장이 배어 오이 된장 절임이 된다.

여러 번 사용한 기름에는 매실 장아찌를 넣는다

튀김에 여러 번 사용했던 기름에서는 거품이 나는데, 이것은 수명이 다했다는 증거다. 이때는 매실 장아찌 1개를 넣어 진한 갈색이 될 때까지 고온에서 튀긴다. 끈적한 기름이 놀랄 만큼 깨끗해진다.

남은 밥을 튀기면 기름이 깨끗해진다

튀김을 하고 남은 찌꺼기를 건져내고 불을 끈다. 2~3분 정도 지나 온도가 내려가면 남은 밥을 집어넣는다. 젓가락으로 밥을 흩뜨리면 밥알에 자잘한 찌꺼기가 달라붙어 기름이 깨끗해진다.

파스타는 술을 넣어 보관

먹다 남은 스파게티의 맛을 유지하는 방법이다. 면발이 서로 달라붙지 않도록 기름을 뿌려 술 1스푼을 넣고 재빨리 섞어 냉장 보관한다. 하룻밤이 지나도 쫄깃한 면발이 유지된다.

냄비에 붙어 있는 카레로 오믈렛을 만든다

카레가 남아 있는 냄비에 밥을 넣고 뒤적인다. 여기에 살짝 익힌 계란을 덮으면 카레 오믈렛 탄생. 냄비가 청소되어 설거지 물도 절약되므로 일석이조.

먹다 남은 검은콩으로 만드는 아이스크림

단맛이 나는 검은콩 조림을 아이스크림으로 만들어 보자. 검은콩을 믹서에 갈아 냉동실에 넣고 중간에 꺼내어 몇 번 뒤섞는다. 설탕이나 생크림을 추가할 필요는 없다.

샤워 캡을 식품 커버로 이용

랩 대신 샤워 캡을 큼직한 그릇을 덮는 식품 커버로 활용할 수 있다. 여행지의 호텔 등에서 제공하는 일회용 샤워 캡은 더러워지면 바로 버리는데, 이를 깨끗이 씻어 이용할 수 있다. 음식과 함께 전자레인지에 넣지 않도록 주의한다.

찬밥은 물로 씻은 다음 가열

딱딱해진 찬밥은 대충 물로 씻은 다음 랩을 씌워 전자레인지에 1분간 돌리면 된다. 물로 씻었기 때문에 수분이 골고루 전달되어 밥이 더욱 부드러워진다. 식으면 다시 딱딱해지므로 먹기 직전에 가열한다.

모나카에 뜨거운 물을 부으면 팥죽이 된다

1인분의 팥죽을 만들고 싶다면 모나카를 이용한다. 공기에 팥맛이 나는 모나카를 넣고 뜨거운 물을 부은 다음 스푼으로 부수면 단맛이 적은 팥죽이 완성된다. 흰 경단이 있으면 새알심으로 넣는다.

1.5ℓ 들이 페트병으로 만드는 음식 커버

페트병을 이용하면 음식에 먼지가 끼지 않게 하는 식품 커버를 만들 수 있다. 컵 케이크나 쿠키에 안성맞춤이다. 1.5ℓ 들이 페트병을 바닥에서 5㎝ 정도 높이로 자르면 된다. 머리를 묶는 캔디 모양의 고무줄을 본드를 이용하여 가운데에 붙이면 손잡이가 된다. 절단한 면에 비닐 테이프를 붙여 두면 손을 벨 염려가 없다.

보관 용기 활용 아이디어

KEEPING

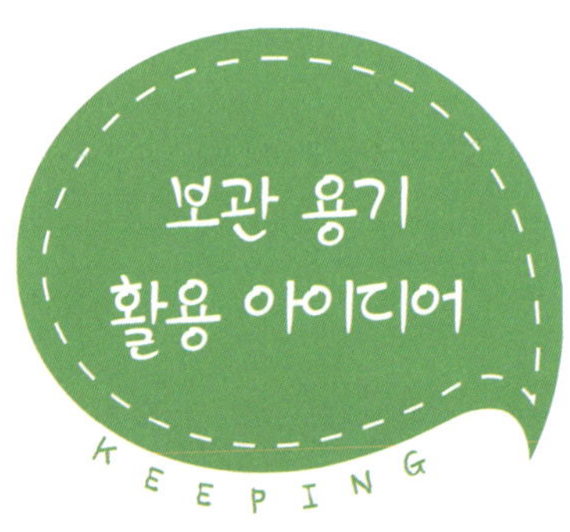

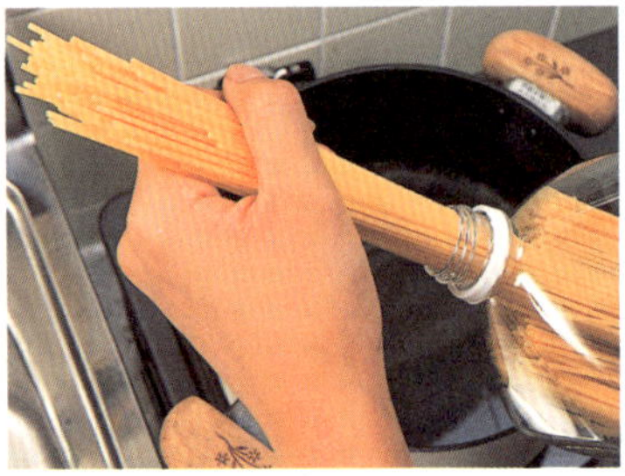

페트병 입구에는 파스타 1인분이 들어간다

페트병에 스파게티 면을 넣고 거꾸로 세웠을 때 입구로 빠져나오는 양이 대략 1인분인 100g이다. 스파게티 면을 페트병에 보관하면 계량도 할 수 있고, 보관하기에도 편리하다.

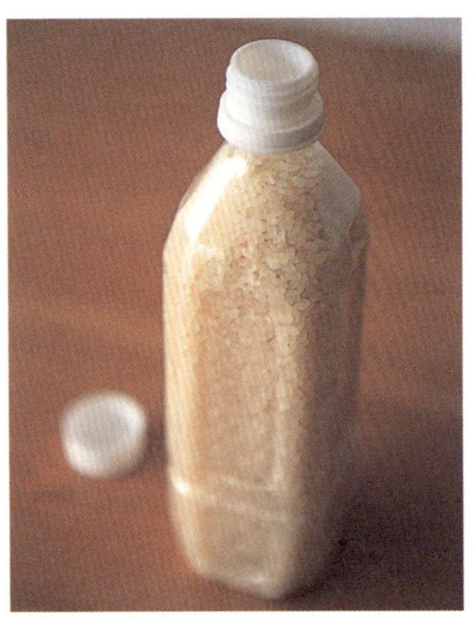

500㎖들이 페트병에는 쌀 3홉이 들어간다

깨끗이 씻어 말린 500㎖들이 페트병에 쌀을 가득 넣으면 딱 3홉이 들어간다. 한 번에 3홉 분량의 밥을 짓는 경우가 많은 집에서는 여러 개의 페트병을 준비해 두고 사용하면 편리하다.

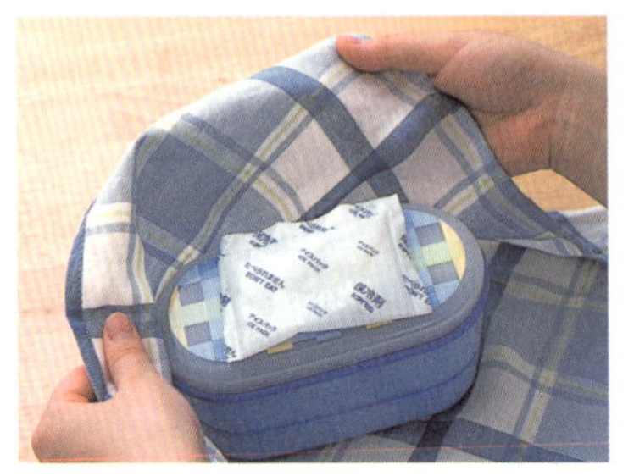

보냉제를 도시락 위에 얹어 온도 상승을 막는다

여름철에 도시락이 상할까 봐 걱정될 때는 생선회나 케이크 등에 딸려 오는 보냉제를 냉동실에 준비해 두었다가 도시락 위에 얹는다. 먹을 때까지 온도가 상승하지 않아 식중독을 예방할 수 있다.

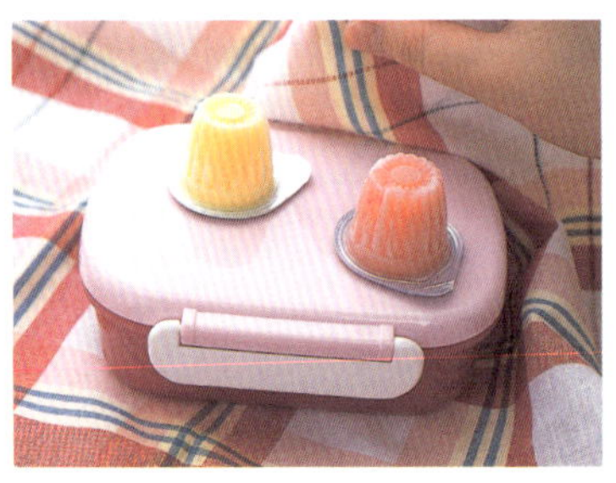

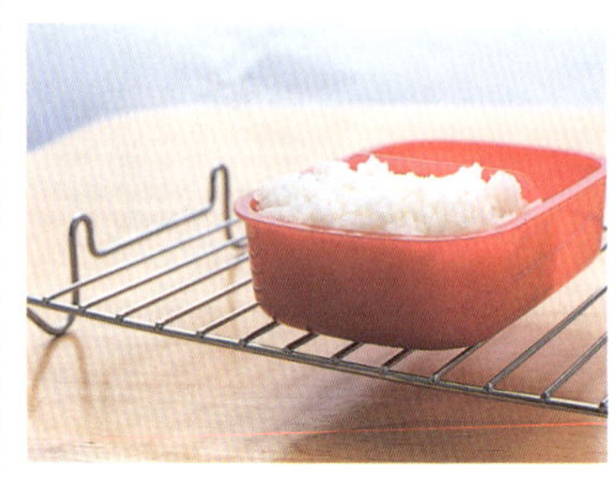

뜨거운 도시락은 구이망 위에 올려 식힌다

더운 여름철에 갓 지은 밥을 채운 도시락 뚜껑을 바로 덮으면 식중독에 걸릴 우려가 있다. 도시락 뚜껑은 밥을 식혀 덮는 것이 철칙! 바쁠 때는 그릴 구이망에 올려 공기가 아래쪽으로도 통하게 하면 빨리 식는다.

어린이용 도시락에는 얼린 디저트를 얹는다

어린이용 도시락에는 보냉제 대신 디저트용 젤리를 얼려 두었다가 얹어 줘도 좋다. 반찬과 함께 도시락에 넣는 것보다 위생적이라는 장점도 있다.

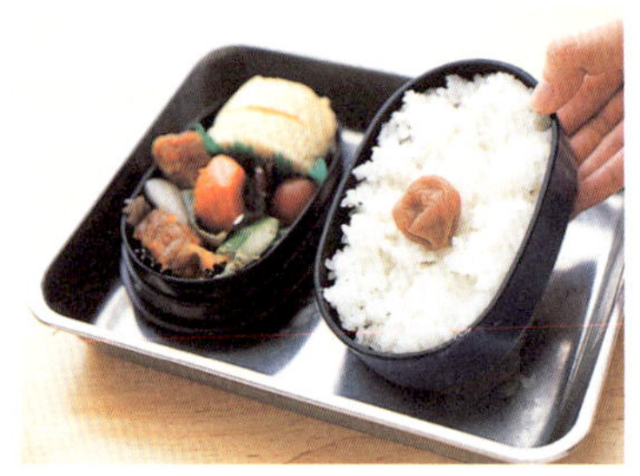

언 쟁반 위에 도시락을 식힌다

도시락을 빨리 식히고 싶을 때는 꽁꽁 언 쟁반 위에 올려놓는 것도 방법이다. 알루미늄 쟁반은 열 전도율이 높아 더욱 효과적이다.

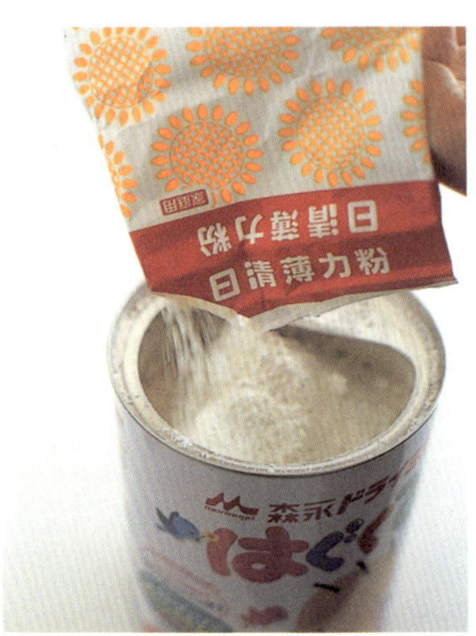

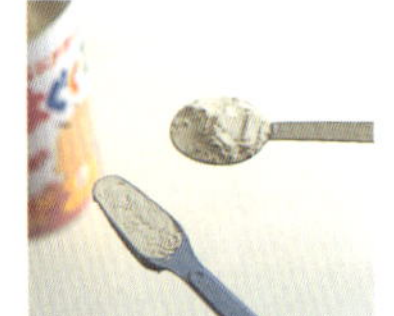

▲ 초기 분유용 스푼은 한 번에 1.5작은술(1/2큰술)을 풀 수 있다.

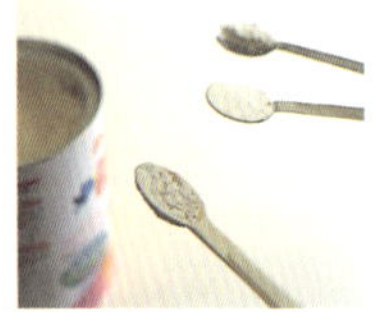

▲ 후기 분유용 스푼은 한 번에 1큰술이 넘는 양을 풀 수 있다. 스푼의 80% 정도가 1큰술.

분유 통에는 밀가루 1㎏이 들어간다

분유 통(950~980g들이 기준)에 1㎏들이 봉지에 담긴 밀가루를 옮겨 담는다. 밀폐가 잘되는 데다 입구가 크고 계량 스푼이 딸려 있어 편리하다.

PART 3 | 주방

KITCHEN

조리 도구를 사용하는 방식에 조금만 변화를 주면 뒷정리가 쉬워지고, 수납법

을 조금만 바꾸어도 주방이 훨씬 넓고 깔끔해진다. 하루에도 몇 번씩 들락거

리는 공간인 만큼 아이디어를 짜내면 놀랄 만큼 편리한 주방이 된다.

무딘 칼날을 갈 때는 숫돌 대신 밥공기를 활용

칼이 잘 들지 않아 불편하지만 숫돌을 꺼내기가 번거로울 때는 물에 적신 칼날을 공기나 접시 바닥에 대고 10회 정도 양면을 갈아 주면 된다.

고무줄을 깔아 계란이 굴러가는 것을 방지

조리대에 올려놓은 계란이 굴러가서 깨진 경험이 있을 것이다. 이때는 고무줄이 문제를 해결해 준다. 조리대 위에 고무줄을 깔고 그 위에 계란을 올려놓으면 된다.

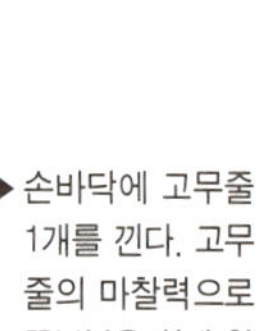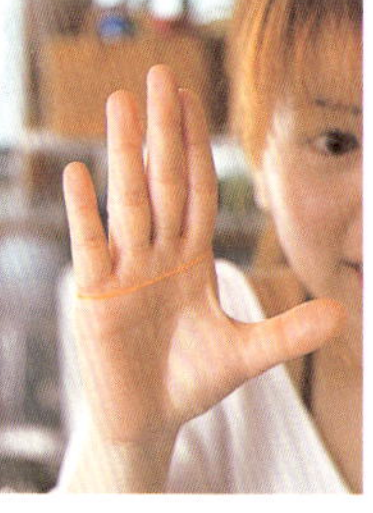

▶ 손바닥에 고무줄 1개를 낀다. 고무줄의 마찰력으로 끝부분을 쉽게 찾을 수 있다.

랩의 끝부분을 알 수 없을 때는 고무줄을 이용

랩을 사용하려고 하는데 끝부분을 알 수 없을 때는 고무줄을 손바닥에 끼고 걸레를 짜듯이 좌우로 3회 정도 비틀면 끝부분이 말려 나온다.

알루미늄 포일 1장으로 칼을 간다

2회 접은 알루미늄 포일 사이에 칼을 끼우고 포일을 자르면 무딘 날이 날카롭게 갈아진다. 가위도 마찬가지. 포일은 사용했던 것을 재활용하면 된다.

절구 홈에 낀 때는 채소 찌꺼기로 제거

채소 찌꺼기를 굵게 채쳐서 절구에 넣고 절굿공이로 문지르면 홈 속에 낀 때가 벗겨진다. 그런 다음 수세미로 가볍게 씻어 내면 작업 끝.

조미료 용기의 뚜껑 밑에 건조제를 부착

습기로 인해 굳기 쉬운 설탕 등의 조미료는 용기 뚜껑 밑에 건조제 1개를 양면 테이프로 붙여 둔다. 건조제가 용기 속의 습기를 흡수하여 항상 뽀송뽀송한 상태가 유지된다.

굳은 설탕에는 식빵을 하룻밤 넣어 둔다

설탕이 딱딱하게 굳어 스푼으로 긁어서 사용해야 할 때는 식빵을 한 입 크기로 뜯어 용기에 6시간 정도 넣어 둔다. 식빵의 수분이 건조한 설탕에 작용하여 원래 모습을 되찾는다.

소스 병에 고무줄을 감아 내용물이 흐르는 것을 방지

소스 병이나 간장 병에 고무줄을 감아 두면 내용물이 흘러내려도 중간에서 막아 주기 때문에 바닥에 묻지 않는다. 여러 겹으로 감으면 효과가 더욱 크다. 테이블과 냉장고를 청소하는 시간도 줄어든다.

열리지 않는 병 뚜껑에는 고무줄을 감는다

병 뚜껑이 열리지 않을 때는 고무줄을 여러 개 뭉쳐 뚜껑에 감는다. 고무가 미끄럼 방지턱 역할을 하여 아무리 힘을 줘도 꿈쩍하지 않았던 뚜껑이 놀랄 만큼 쉽게 열린다.

고무 장갑을 끼고 병 뚜껑을 연다

병이 열리지 않을 때는 뚜껑을 잡은 손에 고무 장갑을 끼고 돌리면 간단히 열린다. 고무 장갑 덕분에 손이 미끄러지지 않아 힘을 조금만 줘도 쉽게 열린다.

벗겨진 법랑 제품에는 매니큐어를 칠한다

법랑 제품은 떨어뜨리거나 부딪치면 표면이 쉽게 벗겨진다. 이때는 일단 녹이 슬지 않도록 매니큐어를 두 차례 발라 처리한다. 일시적이지만 제품의 수명이 단축되는 것을 막을 수 있다.

금속제 뚜껑은 뜨거운 물에 담근다

냄비에 물을 끓이면서 병을 거꾸로 세워 뚜껑 부분을 5~10초간 담근다. 금속이 뜨거워지면 유리와 팽창 정도가 달라 틈이 벌어지는데, 바로 이 성질을 이용한 것이다. 물기를 닦아 내고 뚜껑을 돌리면 쉽게 열린다.

기름 묻은 손은 설탕으로 문지른다

손에 기름이 잔뜩 묻었을 때는 설탕을 1작은술 정도 퍼서 문지른 뒤 물로 씻어 내면 깨끗하게 닦인다. 손에 묻은 설탕을 씻어 내기 전에 그릇을 먼저 문지르면 그릇의 기름기도 제거된다.

손에 밴 비린내는 커피 찌꺼기로 제거

손에 생선 비린내가 배었을 때 커피 찌꺼기를 이용하면 천연 탈취제 역할을 한다. 생선을 손질한 도마도 세제로 씻은 뒤 커피 찌꺼기로 문지르면 냄새가 제거된다.

소금이 손의 가려움을 해결해 준다

토란이나 새우를 만지고 난 뒤 손이 가려울 때는 소금을 양손에 묻혀 문지른다. 그런 뒤에 물로 씻어 내면 가려움이 순식간에 사라진다. 생선을 만진 뒤 손에 밴 비린내도 없앨 수 있으므로 일석이조다.

고무줄이 달라붙지 않게 녹말가루를 뿌린다

고무줄은 모아 두면 서로 달라붙어 사용할 때 불편한 경우가 많다. 이때는 미리 녹말가루를 조금 뿌려 두면 문제가 해결된다. 특히 여름철에는 이 방법이 효과적이다.

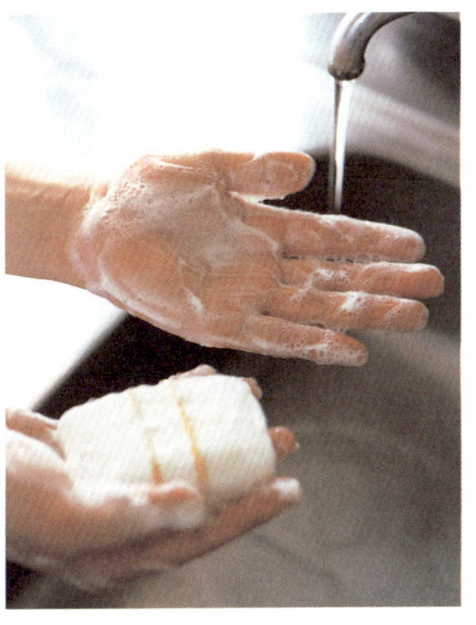

비누에 고무줄을 감아 두면 거품이 잘 난다

비누에 고무줄을 2개 정도 감아 두면 세게 문지르지 않아도 미세하고 부드러운 거품이 잘 일어난다. 거품이 미세할수록 때가 잘 벗겨진다. 비누와 물을 모두 절약할 수 있는 방법이다.

바퀴벌레는 주방용 세제로 퇴치

살충제가 보이지 않아 급할 때는 주방용 액체 세제나 샴푸로 대용할 수 있다. 모두 점착력이 있는 액체라서 바퀴벌레가 질식사한다.

프라이팬의 기름때는 티백으로 닦아 낸다

기름때가 묻은 프라이팬과 냄비는 쓰고 남은 티백을 이용해 가볍게 문지르면 깨끗하게 닦인다. 청소가 끝나면 그대로 버리면 되므로 간편하다.

기름기를 흡수하는 귤 껍질로 프라이팬을 닦는다

귤 껍질 안쪽의 흰 부분은 기름기를 흡수하는 성질이 있다. 조리 후 귤 껍질로 프라이팬을 닦아 내면 기름때뿐만 아니라 냄새도 제거된다. 설거지 시간을 단축하고 수돗물도 절약할 수 있다.

생선 그릴의 기름때 제거에는 쌀뜨물을 이용

생선을 구울 때는 그릴의 받침대 속에 물 대신 쌀뜨물을 부어 둔다. 쌀뜨물이 생선에서 떨어지는 기름을 흡수할 뿐만 아니라 기름이 들러붙지 않아 씻기도 편리하다.

나무 도마는 소금으로 닦는다

나무 도마에 소금을 적당량 뿌리고 수세미를 이용해 결 방향으로 문지른 뒤 물로 헹군다. 이렇게 하면 도마 냄새와 세균이 말끔히 제거되어 마치 새 것처럼 보인다.

프라이팬의 찌꺼기는 우유팩으로 제거

프라이팬에 들러붙은 찌꺼기와 기름은 물로 씻기 전에 우유팩을 삼각형으로 잘라 만든 스크레이퍼로 긁어낸다.

밀가루 푼 물을 끓여 냄비의 기름때를 제거

냄비나 프라이팬에 기름때가 심하게 묻었을 때는 신문지로 대충 닦아 낸 뒤 물을 붓고 쌀뜨물 정도의 농도가 되도록 밀가루를 풀어 끓인다. 밀가루의 전분질이 기름을 흡착하여 때가 쉽게 벗겨진다.

탄 냄새는 쌀뜨물로 제거

알루미늄이나 법랑, 스테인리스 냄비를 태웠을 때는 하룻밤 정도 쌀뜨물을 부어 두었다가 다음 날 아침에 문지르면 탄 부분이 쉽게 벗겨진다. 그런 다음 단단한 스펀지로 문지르면 작은 얼룩도 깨끗하게 제거된다.

남은 튀김옷으로 냄비 얼룩을 제거

튀김을 하고 남은 튀김옷을 스펀지에 약간 묻혀 냄비를 닦으면 눌은 자국과 검은 얼룩이 말끔히 닦인다. 수도꼭지와 싱크대도 튀김옷으로 닦으면 효과적이다.

냄비의 검은 얼룩은 사과 껍질로 해결

사과에 함유된 산(酸)은 때와 얼룩을 분해하는 작용을 한다. 탄 냄비에 사과(1개 분량) 껍질과 물을 80% 정도 채워 끓인 다음 세제로 닦는다. 카레가 탄 찌꺼기나 알루미늄 냄비의 검은 얼룩에도 효과적이다.

토마토를 끓여 알루미늄 냄비의 검은 얼룩을 제거

토마토를 냄비에 넣고 끓이면 냄비가 깨끗해지는데, 이것은 토마토에 함유된 유기산의 작용에 의해 때가 분해되기 때문이다. 매실 장아찌를 넣어 끓여도 같은 효과를 볼 수 있다. 스테인리스보다 알루미늄 냄비에 적합한 방법이다.

식기를 쌓아 올려 설거지한다

큰 것부터 작은 것의 순서로 식기를 쌓아 위쪽 식기부터 씻는다. 이렇게 하면 헹군 물이 아래에 있는 식기로 내려가 위쪽 식기를 헹군 물이 아래쪽 식기를 대충 씻어 주어 설거지 시간이 단축되고 물도 절약할 수 있다.

쌀뜨물은 버리지 말고 설거지통에 모아 둔다

기름때 제거에 위력을 발휘하는 쌀뜨물. 설거지통에 쌀뜨물을 모아 두었다가 더러워진 식기나 조리 도구를 담가 두면 묵은 때가 쉽게 벗겨진다. 또한 쌀뜨물로 마루를 닦으면 광택이 난다.

파스타 삶은 물로 기름때를 제거

파스타 삶은 물을 기름때가 묻은 식기를 닦는 데 이용한다. 미트 소스가 묻은 접시나 냄비도 신문지 등으로 닦아 낸 다음 쌀뜨물에 담가 두면 세제 없이도 깨끗하게 닦인다. 파스타뿐만 아니라 우동 삶은 물도 기름때를 흡수하므로 버리지 말고 활용한다.

계란 껍질로 물때를 제거

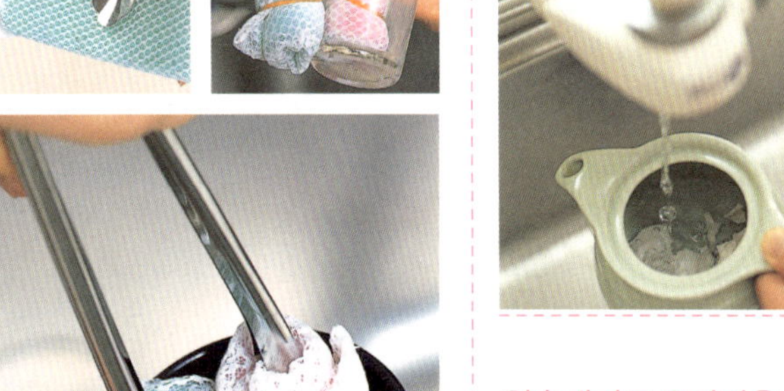

찻주전자에 부순 계란 껍질(2~3개분)과 용량의 절반 정도의 물을 붓고 흔들면 물때가 깨끗이 닦인다. 구석까지 손이 닿지 않는 수통 등에도 활용할 수 있는 방법이다.

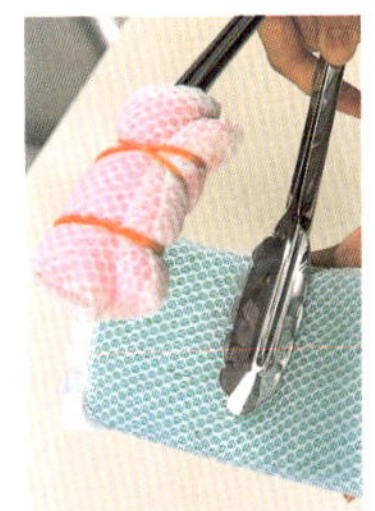

철수세미로 유리컵을 구석구석 닦는다

철수세미를 잘라 유리컵에 넣고 주방용 세제를 2~3방울 떨어뜨린 다음 손으로 입구를 막고 컵을 흔들면 바닥의 때는 물론 얼룩까지 깨끗하게 닦인다. 철수세미는 컵의 크기에 맞춰 3~4조각으로 잘라서 사용한다.

집게에 스펀지를 감으면 컵 전용 수세미로 변신

집게 끝에 스펀지를 감고 고무줄로 단단히 고정하면 컵 전용 수세미가 완성된다. 손에 힘을 주고 집게를 누르면서 빙글빙글 돌리면 컵의 안쪽과 바깥쪽이 깨끗하게 닦인다.

계란 껍질로 유리컵 바닥의 때를 제거

유리컵에 2~3cm 크기로 부순 계란 껍질과 껍질이 잠길 정도의 물을 붓고 손으로 입구를 막은 다음 30초간 흔든다. 그런 뒤에 물로 헹구면 바닥의 때가 말끔히 벗겨진다. 유리컵 1개에 계란 1개가 적당하다.

접시에 묻은 찌꺼기는 신문지로 먼저 닦아 낸다

식기나 조리 도구에 묻은 찌꺼기는 씻기 전에 신문지로 먼저 닦아 내는 것이 철칙이다. 적은 양의 물과 세제로도 깨끗이 닦이는 데다 수도세와 가스비도 절약할 수 있다.

행주 대신 무명 수건을 이용

무명 수건은 아크릴 수세미보다 결이 고와서 때가 잘 벗겨진다. 물에 적셔 가볍게 짠 무명 수건으로 접시를 닦으면 세제 없이도 식기가 윤이 나게 닦인다.

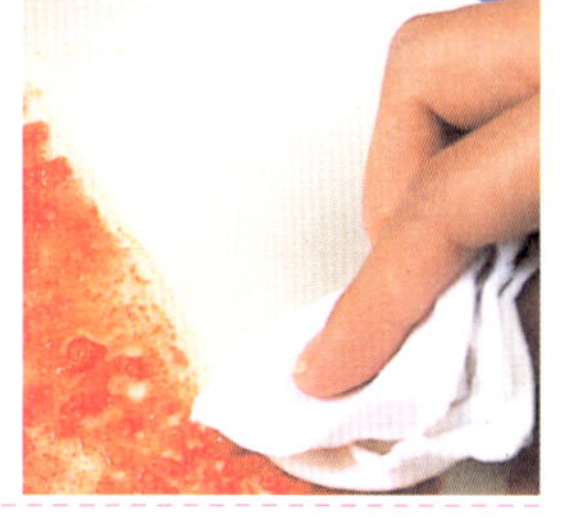

1. 계란 껍질은 보통 크기의 컵을 기준으로 1~2개가 적당하다. 2~3㎝ 크기로 미리 부숴 둔다.

접시 사이사이에 광고지를 끼워 넣는다

식사가 끝난 뒤에는 접시를 그대로 겹쳐 놓지 말고 사이사이에 광고지를 끼워 넣는다. 접시 바닥에 음식 찌꺼기가 묻지 않아 한 쪽만 씻으면 되고, 광고지로 찌꺼기를 닦아 낼 수도 있다.

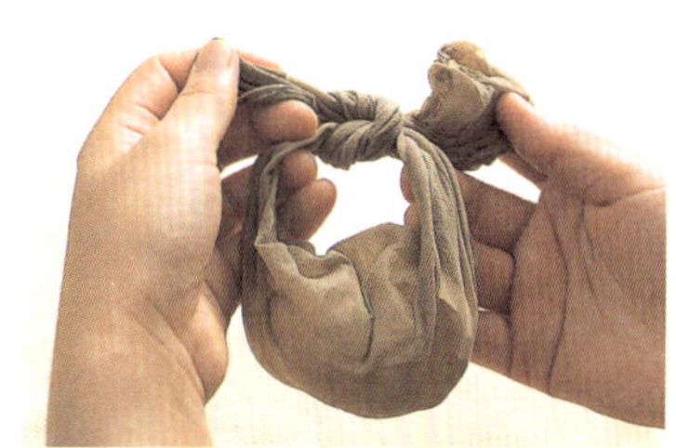

2. 무릎 근처를 자른 팬티스타킹에 계란 껍질을 넣고 양 끝을 묶으면 '만능 수세미' 완성.

전화번호부 용지로 기름때를 제거

기름기를 잘 흡수하고 강도가 있는 전화번호부 용지가 기름때 제거에 위력을 발휘한다. 한 장을 찢어 두 번 접은 뒤 식기를 닦으면 기름때가 쉽게 벗겨진다.

식기에 묻은 청국장은 발란으로 문지른다

청국장이 묻어 미끈거리는 식기는 도시락 등의 칸막이로 쓰이는 수지 발란으로 문지른다. 발란을 손가락에 감고 끝부분을 빨래집게로 고정한 다음 찌꺼기를 문지르면 놀랄 만큼 깨끗하게 닦인다.

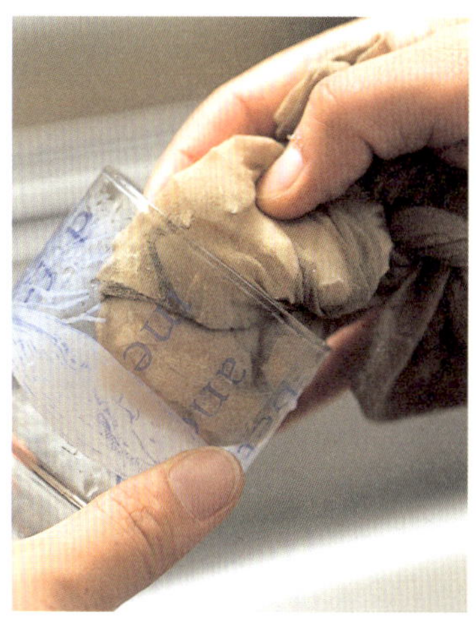

만능 수세미로 변신하는 팬티스타킹과 계란 껍질

세제 역할을 하는 계란 껍질과 낡은 팬티스타킹으로 컵의 얼룩과 물때를 제거해 주는 만능 수세미를 만든다. 세제는 넣지 않고 약간의 물을 부어 문지르면 된다.

꽃병 청소는 붓으로

길고 자그마한 꽃병의 안쪽을 청소할 때는 자루가 긴 붓을 이용하면 편리하다. 세제를 몇 방울 떨어뜨리고 붓으로 씻어 내면 붓 끝이 직접 닿아 때가 잘 벗겨진다. 깊숙한 물통도 마찬가지다.

유리컵의 얼룩은 감자 껍질로 제거

유리컵의 묵은 때는 감자 껍질로 문지르면 깨끗하게 닦인다. 물로 헹구면 마치 새 것처럼 깨끗하고 투명한 유리컵으로 재탄생. 거울에 묻은 얼룩은 감자 껍질로 문지른 뒤 마른 걸레질을 한다.

보온병의 물때는 감자 껍질로 제거

감자의 전분은 물때를 벗겨 내는 효과가 있다. 보온병에 감자 껍질을 3~4조각 넣고(껍질이 말랐을 경우에는 물도 넣는다) 뚜껑을 닫은 뒤 위아래로 흔들면 물때가 쉽게 벗겨진다.

▲ 신문지 3~4장을 꼭꼭 눌러 만 뒤 위아래 끝을 맞추고 테이프로 고정한다.

신문지 + 세제로 칼을 간다

식칼에 세제를 묻힌 다음 둥글게 만 신문지 끝에 물을 적셔 칼자루와 칼끝 사이를 문지르며 10회 정도 왕복하면 마치 숫돌에 간 것처럼 칼날이 날카로워진다.

주방 용기의 기름때는 탄산수소나트륨으로 제거

주방의 조미료 용기 등에 기름때가 묻었을 때는 탄산수소나트륨을 이용한다. 걸레에 물을 적셔 약간의 탄산수소나트륨을 묻혀 문지르면 된다. 조금만 힘을 줘도 검은 얼룩이 깨끗이 지워진다.

표백제 + 랩으로 도마를 살균

주방용 표백제를 정해진 농도로 희석하여 도마에 골고루 바른 뒤 랩으로 단단히 싼다. 30분 정도 그대로 두었다가 물로 깨끗이 헹궈 내면 살균 완료. 도마를 랩으로 싸 주면 표면의 흠집과 움푹 팬 곳까지 표백 액이 스며들어 살균 효과가 더욱 상승한다.

채소 망으로 울퉁불퉁한 조리 도구를 닦는다

설거지용 스펀지에 채소가 들어 있던 망을 씌워 문지르기만 해도 세정 효과가 향상된다. 채소 망은 매우 부드러워서 식기가 상하지 않게 구석구석 닦을 수 있다. 또한 그물코가 촘촘하여 거품도 잘 일어난다.

청소가 어려운 믹서는 계란 껍질로 닦는다

계란 껍질이 가루가 될 때까지 돌리는 것이 포인트. 믹서에 3개분의 계란 껍질과 물 400㎖, 주방용 세제를 넣고 돌린다. 손이 닿지 않는 곳까지 계란 껍질이 부딪쳐 깨끗하게 닦인다.

더러워진 포트 내부는 숯으로 방지

숯은 먼지와 냄새를 흡착하는 효과가 있다. 밤에 전원을 뺀 뒤 물과 숯을 넣어 두었다가 다음 날 아침에 숯을 꺼낸다. 물맛이 좋아질 뿐만 아니라 때가 잘 타지 않아 깨끗함을 유지할 수 있다.

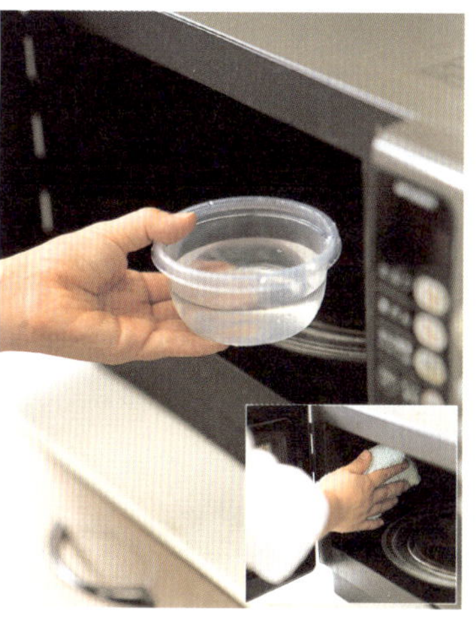

전자레인지의 묵은 때는 물을 넣어 가열

전자레인지 안쪽에 음식 찌꺼기가 들러붙어 있을 때는 내열 용기에 물을 붓고 돌린 다음 수증기에 불어 있는 때를 닦아 내기만 하면 된다. 받침 접시는 중성 세제를 푼 물에 따로 씻는다.

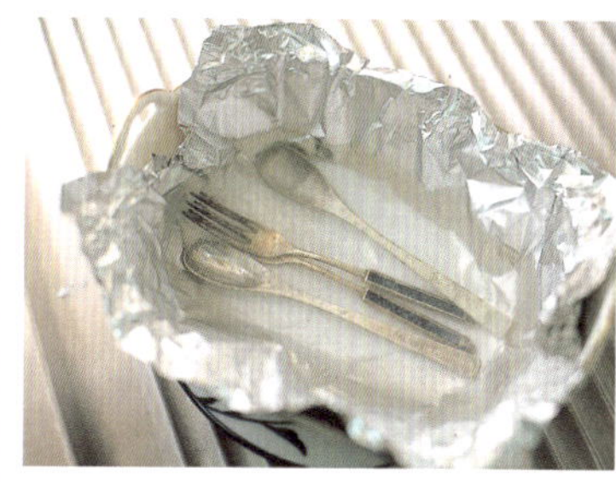

알루미늄 포일 + 탄산수소나트륨 용액으로 커트러리의 얼룩 제거

접시 위에 알루미늄 포일을 깔고 가장자리를 위로 접어 그릇 모양을 만든다. 여기에 끓기 직전의 물 200㎖를 넣고 탄산수소나트륨 1큰술을 녹여 나이프와 포크, 스푼 등을 담근다. 약 4시간 정도 그대로 두었다가 물로 헹궈 내면 마치 새 것처럼 광택이 난다.

차와 커피 찌꺼기의 놀라운 효능

우리가 즐겨 마시는 차와 홍차, 커피 찌꺼기는 집안일을 할 때도 크게 한몫을 한다. 청소·세탁·조리 등에 활용하여 그 위력을 실감해 보자.

잡균이 번식하기 쉬운 도마는 녹차로 살균

녹차의 떫은맛 성분인 카테킨은 O-157도 두렵지 않을 정도의 강력한 항균 효과를 갖고 있다. 찌꺼기로도 효과가 충분하다. 우려낸 녹차 잎을 넣고 끓인 물을 분무기에 담은 뒤에 도마에 골고루 뿌리면 식중독을 예방할 수 있다. 날 것을 다룬 뒤에는 반드시 뿌려 준다.

그릴 받침에 녹차를 부으면 비린내와 연기가 감소

녹차의 카테킨은 냄새 성분과 균에 달라붙어 작용을 억제하는 '흡착' 효과가 있다. 그릴 받침에 물 대신 진한 녹차를 부은 뒤 생선을 구우면 연기와 비린내가 적게 난다. 사용한 뒤에는 받침을 깨끗이 씻은 다음 다시 녹차를 붓고 가열하면 냄새가 완벽하게 제거된다.

홍차 티백으로 식기를 닦는다

우려낸 홍차 티백을 버리지 말고 스펀지 대신 손에 쥐고 식기를 닦아 보자. 끈적끈적한 기름때도 놀랄 만큼 깨끗하게 닦인다. 물로 가볍게 헹궈 내면 마치 새 것처럼 그릇에 윤이 난다. 보리차 티백은 큼직해서 쓰임새가 더욱 다양하다.

차 찌꺼기로 전자레인지의 냄새를 제거

차 찌꺼기를 활용하면 쉽게 제거되지 않는 고기나 생선, 카레 등의 냄새가 해결된다. 전자레인지에 밴 악취도 물기를 짜낸 차 찌꺼기를 내열 용기에 얹어 약 1분간 가열하면 OK. 은은한 차 향기가 퍼지면서 냄새가 쉽게 제거된다.

냉장고 탈취제 역할을 하는 커피 찌꺼기

커피 찌꺼기를 내열 용기에 얹어(랩은 씌우지 않는다) 전자레인지에 1~2분간 가열하여 말린다. 이것을 접시나 뚜껑 없는 용기, 종이 봉지 등에 담아 냉장고에 넣어 두면 냄새가 제거된다.

그릴 냄새와 기름때는 차 찌꺼기로 해결

차 찌꺼기에는 기름을 흡수하는 성분이 들어 있다. 생선 그릴을 사용한 뒤 열기가 남아 있을 때 받침에 차 찌꺼기를 고루 뿌려 두면 냄새가 제거된다. 그릴이 식은 뒤에 차 찌꺼기를 넣은 채소 망으로 받침을 문지르면 기름때가 깨끗하게 벗겨진다. 보리차 티백도 같은 역할을 한다.

싱크대 청소는 보리차 티백으로

우려낸 보리차 티백은 싱크대 청소에 활용한다. 차의 성분에는 기름을 분해하는 작용이 있어 세제를 쓰지 않아도 묵은 때와 얼룩이 말끔하게 벗겨진다. 홍차나 녹차 티백도 마찬가지다.

손에서 나는 생선 비린내는 차 찌꺼기로 제거

생선을 손질한 뒤 손에 밴 비린내는 비누로 씻어도 좀처럼 사라지지 않는다. 이럴 때는 차를 끓이고 남은 찌꺼기를 쥐고 양손으로 비비면 거짓말처럼 비린내가 사라진다. 마늘 냄새 제거에도 활용할 수 있는 방법이다.

커피 찌꺼기로 음식물 쓰레기의 악취를 방지

커피 찌꺼기를 신문지에 말려 빈 용기에 모아 두었다가 쓰레기의 악취를 제거하는 데 활용한다. 음식물 쓰레기 위에 커피 찌꺼기를 뿌려 신문지로 싸서 휴지통에 버리면 된다.

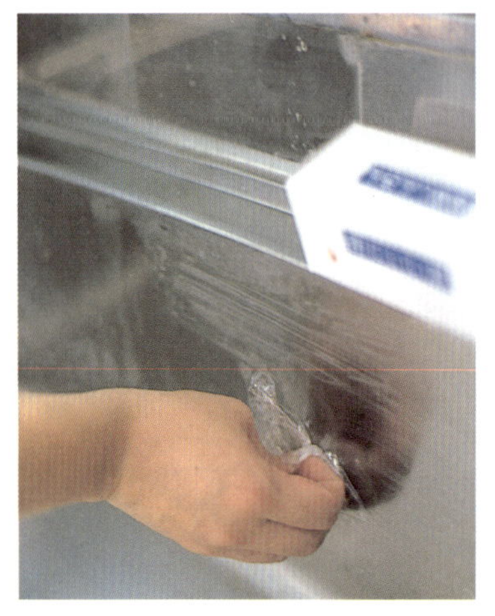

사용이 끝난 랩으로 싱크대를 청소

스테인리스로 된 싱크대의 물때나 기름때는 사용이 끝난 랩을 뭉쳐서 문지르면 된다. 세제를 쓰지 않아도 얼룩이 금세 없어진다. 랩이 나올 때마다 수시로 문질러 주면 따로 청소하지 않아도 싱크대를 깨끗하게 유지할 수 있다.

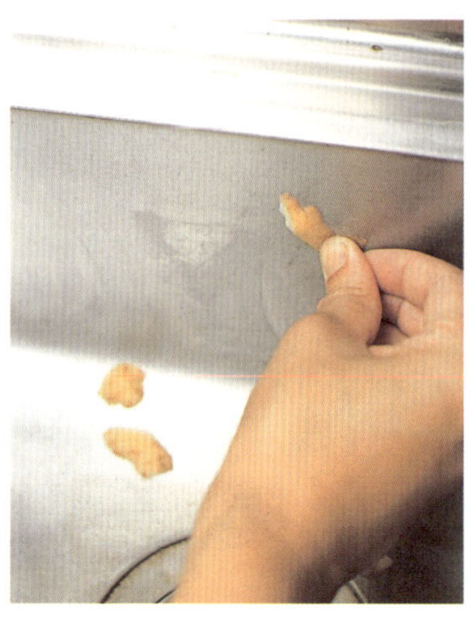

싱크대의 얼룩은 감자 껍질로 제거

카레나 스튜처럼 감자가 들어가는 요리를 한 날은 설거지가 끝난 뒤에 잊지 말고 감자 껍질의 흰 부분으로 싱크대와 수도꼭지를 닦자. 마지막에 물로 헹구면 스테인리스의 얼룩이 깨끗이 제거된다.

배수구에 10원짜리 동전을 넣어 물때를 방지

10원짜리 동전을 꽃병에 넣어 두면 꽃이 오래 간다. 동(銅)의 이러한 살균, 오염 방지 작용을 이용해 배수구에 동전을 몇 개 떨어뜨려 두면 물때가 잘 끼지 않는다. 동전이 검게 변하면 교환한다.

알루미늄 컵을 넣어 두면 배수구의 물때 방지

도시락 등에 사용한 알루미늄 컵은 버리지 말고 가볍게 헹구어 배수구에 집어넣는다. 이렇게 하면 물과 반응하여 발생하는 금속 이온이 세균을 제거해 주어 배수구에 물때가 끼지 않는다.

비닐 봉지 + 낡은 양말을 손에 끼고 배수구를 청소

물때가 잘 끼는 배수구는 맨손으로 청소하기가 꺼려진다. 이때는 손에 비닐 봉지를 씌운 뒤 그 위에 낡은 양말을 끼고 배수구를 닦으면 청소가 간편해진다. 손도 더러워지지 않고 버리기도 간단하다.

▼ 청소가 끝나면 비닐 봉지째 뒤집어 벗어서 그대로 버리면 된다.

막힌 배수구 파이프는 드라이어로 덮힌 다음 끓는 물을 붓는다

주방의 배수구 파이프가 막히더라도 당황하지 말자. S자 파이프에 드라이어의 따뜻한 바람을 쐬어 주어 배수구 안에 쌓인 오물을 녹인 뒤 뜨거운 물을 충분히 부으면 문제가 해결된다.

싱크대의 묵은 때는 테이프 수세미로 제거

카세트 테이프나 비디오 테이프를 버리기 전에 테이프를 빼내어 팬티스타킹의 끝 부분에 채워 싱크대를 닦는다. 거품이 잘 일어나기 때문에 싱크대가 상하지 않게 물때를 벗겨 낼 수 있다.

싱크대의 기름때는 귤 껍질로 제거

귤 껍질은 기름을 중화하고 광택을 내주는 효과가 있다. 귤 껍질을 그대로 뭉쳐서 문지르면 싱크대에서 반짝반짝 윤이 난다. 기름때로 끈적해진 스펀지도 귤 껍질로 문지른 뒤 물에 헹구면 된다.

남은 밀가루는 버리지 말고 싱크대를 청소

밀가루는 세제 대신 사용할 수 있다. 조리 후 남은 밀가루를 스펀지에 묻혀 싱크대 안쪽을 닦으면 기름과 때를 흡착하는 작용에 의해 싱크대가 놀랄 만큼 깨끗해진다.

계란 껍질 + 팬티스타킹으로 삼각 코너를 닦는다

발끝에서 20~30cm 길이로 자른 팬티스타킹에 계란 껍질을 넣고 삼각 코너를 문지른다. 계란 껍질이 삼각 코너의 구석구석에 닿아 묵은 때를 제거해 준다. 그 위력은 철수세미 수준으로, 수도 꼭지나 싱크대에도 활용할 수 있다.

먹다 남은 탄산 음료로 싱크대를 청소

페트병에 남아 있는 소량의 탄산 음료를 싱크대에 뿌린 뒤 스펀지로 가볍게 문지르면 싱크대가 놀랄 만큼 깨끗해진다. 탄산이 빠져나간 음료로도 같은 효과를 얻을 수 있다.

파스타 삶은 물로 가스대의 기름때를 제거

우동이나 파스타 삶은 물로 가스대를 청소하면 찌든 기름때가 깨끗이 벗겨진다. 물에 녹은 밀가루가 기름을 흡착하는 작용을 하기 때문이다. 물이 식기 전에 붓는다.

튀김옷에 사용한 밀가루로 기름때를 제거

튀김옷으로 사용했던 밀가루에는 적당한 양의 수분이 섞여 있기 때문에 기름때 청소에 안성맞춤이다. 손가락 끝에 밀가루를 묻혀 가스레인지나 벽 등을 문지르면 깨끗이 닦인다. 밀가루와 물을 동등한 비율로 섞어도 OK.

먹다 남은 맥주로 가스레인지를 청소

먹다 남은 맥주를 가스레인지 청소에 활용한다. 맥주의 당분이 기름때를 분해하여 걸레에 묻혀 닦기만 해도 때가 쉽게 벗겨진다. 맥주 특유의 냄새는 10분 정도면 사라진다.

귤 껍질을 끓인 물로 식기장의 유리를 청소

감귤류의 껍질에 함유되어 있는 '리모넨'은 때를 분해하는 성분으로, 귤 껍질 끓인 물을 세제 대신 사용할 수 있다. 잘 말린 껍질을 냄비에 넣고 몇 분간 끓여 식힌 다음 용기에 넣어 보관한다. 마른 걸레에 묻혀 유리나 가구를 닦으면 얼룩이 깨끗하게 사라진다.

청바지 조각으로 기름때를 제거

단을 줄이고 남았거나 입지 못하게 된 청바지가 있으면 15㎝ 정도 잘라 내어 모아 둔다. 까끌거리는 촉감을 가지고 있는 데다 강도가 적당하여 세제를 조금만 묻혀 닦아도 가스레인지의 기름때가 깨끗하게 제거된다.

낡은 프리즈로 레인지 후드를 청소

낡은 프리즈(frieze : 까끌까끌한 감촉의 두툼한 천)를 적당한 크기로 잘라 물에 적신 다음 먼지와 기름때가 많은 레인지 후드를 닦는다. 세제는 묻히지 않아도 되며, 여러 번 닦지 않아도 기름때가 말끔히 제거된다.

식빵 봉지의 클립으로 삼발이의 찌꺼기를 제거

식빵 봉지의 입구를 밀봉하는 플라스틱 클립은 가스레인지의 삼발이에 들러붙은 찌꺼기를 벗겨 내는 데 안성맞춤이다. 강도가 적당하여 다루기도 편하다. 사용한 뒤에 그대로 버리면 된다.

귤 껍질로 가스레인지의 기름때 제거

귤 껍질의 흰 부분을 가스레인지에 대고 문지른다. 찌든 때에는 바깥쪽 면을 꼭 짜서 정유 성분을 묻힌 다음 흰 부분으로 문지르면 된다. 마지막에 물에 적신 걸레로 닦아 내면 끈적한 기름때가 말끔히 벗겨진다.

식초의 놀라운 효능

초무침이나 샐러드 등에 빼놓을 수 없는 식초는 강력한 살균 효과가 있어 주방에서 다양하게 활용할 수 있다. 살균뿐만 아니라 잡균으로 인한 악취 제거에도 위력을 발휘한다.

비린내가 밴 도마는 식초물에 적신 행주를 걸쳐 둔다

물 1컵에 식초 1큰술을 넣어 식초물을 만들어 마른 행주를 담갔다가 가볍게 짠다. 이 행주를 도마에 1시간만 걸쳐 놓으면 비린내가 사라질 뿐만 아니라 행주의 탈취와 살균에도 도움이 된다. 표백제와 달리 식품이라 안심할 수 있고, 물로 헹굴 필요가 없어 편리하다.

플라스틱 용기에 밴 냄새는 식초로 제거

플라스틱 용기는 냄새가 배기 쉬운 데다 얼룩도 깨끗하게 닦아지지 않는다. 그러나 냄새가 밴 부분에 식초를 직접 붓고 3분 뒤 물로 헹궈 내면 아무리 지독한 냄새라도 말끔하게 사라진다.

손에 묻은 표백제는 식초로 씻어 낸다

표백제가 묻은 손은 비누로 씻어도 미끌거린다. 이때는 식초 1큰술을 손에 붓고 손가락으로 잘 문지른 다음 물로 헹구면 된다. 이렇게 하면 표백제 특유의 냄새도 함께 사라진다.

유리컵의 묵은 때는 식초 + 소금으로 해결

식초와 소금만 있으면 주방용 세제와 스펀지로는 좀처럼 제거하기 힘든 유리컵의 얼룩도 해결할 수 있다. 식초와 소금을 1 : 1 비율로 잘 섞어 못 쓰는 칫솔에 묻혀 닦으면 얼룩이 사라지고 반짝반짝 윤이 난다.

전기 포트의 물때 제거에도 안전하고 저렴한 식초를 활용

전기 포트가 더러워졌다면 용기의 90% 정도까지 물을 붓고 식초 2큰술을 넣어 끓인다. 전원을 끄고 1시간 정도 놓아두면 식초의 산이 물때를 녹여 준다. 마지막에 스펀지로 문질러 헹구면 청소 완료. 식초는 값이 저렴한 데다 먹을 수 있는 식품이라 안심. 주전자의 물때를 제거하는 데도 활용한다.

커피 메이커의 물때도 식초로 제거

커피 포트에 정량의 물을 붓고 식초 2큰술을 넣은 뒤 스위치를 켠다. 포트에 낀 물때와 필터에 밴 커피의 색소가 물에 스며 나와 포트가 깨끗해진다. 마지막에 물을 한번 더 붓고 가열한 다음 헹궈 낸다.

음식물 쓰레기의 악취는 식초로 방지

음식물 쓰레기 수거일이 아직 며칠 남아 있는데도 불구하고 쓰레기가 많을 때는 식초를 조금 뿌려 두면 악취를 예방할 수 있다. 식초의 강력한 살균력이 쓰레기의 미생물을 억제해 주기 때문이다. 쓰레기 봉지나 휴지통에 미리 식초를 뿌려 두면 더욱 효과적이다.

식초물 + 신문지로 음식물 쓰레기의 악취를 방지

식초와 물을 2 : 1로 섞어 신문지에 고루 뿌린 다음 음식물 쓰레기통 바닥에 깔면 악취가 나지 않는다. 식초는 살균뿐만 아니라 부패를 방지하는 효과도 있다. 이렇게 하면 쓰레기통을 자주 씻을 필요도 없다.

삼각 코너와 배수구도 식초로 청소

삼각 코너에는 5배로 희석한 식초물을 분무기에 넣어 뿌리고, 배수구에는 원액 2큰술을 넣고 하룻밤 정도 방치한다. 다음날 아침 물로 헹궈 내면 물때와 악취가 말끔히 제거된다. 물때가 끼지 않게 하는 효과도 있다.

식품의 재고를 확인하는 방법

번번이 냉장고 문을 열지 않고도 식품과 조미료의 재고를 확인할 수 있는 방법이다. 제조 회사의 홈페이지에 들어가 화면을 인쇄한 뒤 마분지에 붙여 잘라 내고 뒷면에 자석을 붙이면 완성.

2ℓ들이 페트병에는 캔맥주 3개가 들어간다

캔맥주를 눕혀서 냉장고에 넣어 두면 꺼낼 때마다 다른 캔이 굴러다니기 쉽다. 이 문제를 간단하게 해결해 주는 것이 페트병으로, 병의 한 면만 잘라 내면 완성이다. 입구 부분이 손잡이가 되고 투명해서 무엇이 들어 있는지 금세 알 수 있다는 것도 장점.

페트병에 계란을 팩째 수납하면 넣고 꺼내기가 편하다

2ℓ들이 페트병의 넓은 쪽을 잘라 낸 다음 뚜껑을 자른 계란 팩을 통째로 집어넣는다. 냉장고에 넣어 두면 마개 부분을 잡고 서랍처럼 꺼낼 수 있어 편리하다.

채소를 세워서 우유팩에 수납하면 오래 보관할 수 있다

무 등의 뿌리 채소와 시금치 등의 잎 채소는 우유팩을 이용하여 마치 밭에 심은 것처럼 뿌리가 아래쪽으로 향하게 세워서 보관하면 신선도가 오래 유지된다. 채소실에 칸막이가 생겨 남아 있는 양을 한눈에 확인할 수 있고, 채소를 꺼내기도 쉬워 편리하다.

랩 심에 비닐 봉지를 넣어 두면 꺼내기가 편리하다

슈퍼에서 준 비닐 봉지를 그대로 쌓아 두면 의외로 공간을 많이 차지하고, 아이가 꺼내어 장난을 칠 수도 있다. 이럴 때는 비닐 봉지를 작은 크기로 감아 랩 심에 눌러 넣은 다음 식기장 구석 등에 수납하면 된다.

철사 옷걸이 + 흡반 후크로 만드는 종이 타월 홀더

철사 옷걸이의 한쪽 끝에서 약 5㎝ 되는 곳을 자른다. 짧은 쪽은 둥글게 구부리고 긴 쪽은 끝을 90° 구부려 서로 걸리게 만든 다음 페이퍼 타월을 걸면 된다. 흡반 후크로 냉장고에 고정하면 완성.

아이스크림 막대 + 플라스틱 손잡이로 만드는 접시 스탠드

플라스틱 손잡이에 아이스크림 막대를 끼우기만 하면 여러 장의 접시를 수납할 수 있는 스탠드가 완성된다. 길이 15㎝ 정도의 막대라면 손잡이가 5개, 12㎝ 정도라면 3개가 기준.

접시에 십자로 고무줄을 감아 두면 흠이 나지 않는다

묵직한 접시나 사발 등을 수납할 때 십자 모양으로 고무줄을 감아 두면 식기끼리 밀착되지 않아 흠집이 나지 않는다. 게다가 완전히 건조되기 때문에 수납장에 습기가 차는 것도 방지할 수 있다.

랩 상자에 막대 자석을 넣어 냉장고에 부착

랩과 알루미늄 포일은 늘 같은 장소에 잘 챙겨 두지 않으면 사용할 때 불편하다. 막대 자석을 상자의 길이에 맞게 잘라 넣은 다음 냉장고 문에 붙여 놓으면 조리 중에도 쉽게 찾을 수 있다. 단순하면서도 편리한 수납 방법.

페트병에 머그 컵을 세워서 수납하면 공간이 절약

원기둥 모양의 1.5ℓ들이 페트병을 이용한 머그컵 홀더. 페트병의 윗부분을 잘라 내고 손잡이가 들어갈 정도(폭 4㎝)의 홈을 내는 것이 포인트. 단면에 비닐 테이프를 붙이면 완성.

밀폐 용기에 밴 냄새는 쌀 뜨물에 담가 제거

카레처럼 향이 강한 음식을 밀폐 용기에 넣어 두면 냄새가 배어 좀처럼 빠지지 않는데, 이때는 쌀뜨물에 30분 정도 담가 두면 된다. 쌀뜨물에 함유된 쌀겨(피틴산)가 때를 벗기고 냄새도 없애 준다.

술의 강력한 탈취력을 이용

밀폐 용기의 냄새를 없애는 데는 술도 효과적이다. 키친 페이퍼에 술을 묻힌 다음 뚜껑을 덮어 두었다가 물로 헹궈 내면 된다. 이렇게 하면 세제로 씻는 것보다 냄새 제거 효과가 크다. 먹는 것이기 때문에 식품 보관 용기를 손질하는 데 안심하고 사용할 수 있다.

페트병 뚜껑으로 만드는 밀폐 봉지

김치나 채소 절임의 냄새와 국물이 새는 것을 방지하는 방법이다. 페트병 뚜껑의 밀폐 효과를 이용하여 비닐 봉지를 장착하면 밀폐 봉지가 만들어진다. 쇼핑할 때 가지고 다니면 유용하다.

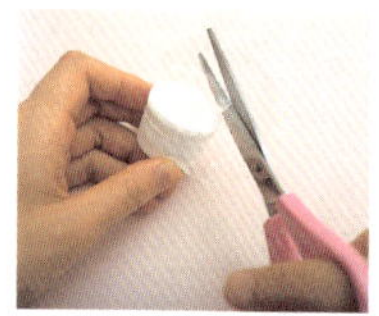

1. 500㎖들이 페트병 입구에서 5cm 정도 아래의 부드러운 부분을 칼로 자른다.

2. 잘라 낸 쪽의 투명한 플라스틱을 뚜껑 선을 따라 가위로 자른다.

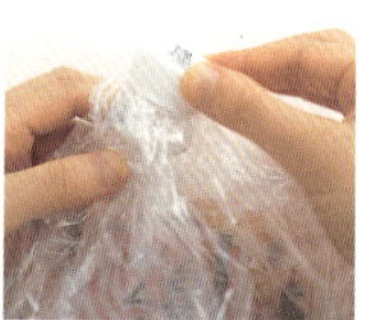

3. 비닐 봉지에 식품을 넣고 잘라 낸 페트병 입구에 봉지 입구를 5cm 정도 끼운 뒤 봉지를 뒤집어 접는다.

4. 페트병 입구에 비닐 봉지를 씌운 상태에서 뚜껑을 닫으면 밀폐 봉지 완성. 속에 남아 있는 공기를 빼고 난 뒤에 뚜껑을 닫는 것이 좋다.

가열된 레몬 껍질이 전자레인지의 냄새를 제거

레몬이나 오렌지와 같은 감귤류의 껍질을 접시에 담아 전자레인지에 1분간 돌리면 향기 성분인 '리모넨'이 증기와 함께 퍼져 전자레인지에 배어 있는 냄새가 사라진다. 뿐만 아니라 주방에는 은은한 향기가 감돈다. 레몬 즙 1큰술로 대용할 수도 있다.

냉장고 냄새는 탄산수소나트륨 2큰술로 제거

탄산수소나트륨의 탈취 효과를 이용하여 냉장고 냄새를 제거하는 방법이다. 탄산수소나트륨 2큰술을 약간 깊은 접시에 담아 냄새가 많이 나는 식품 옆에 놓는다. 이렇게 하면 김치 냄새도 30분 만에 사라진다. 수분을 흡수하여 딱딱해지면 세제 대신 사용한다.

검게 탄 식빵을 냉장고 탈취제로 활용

유효 기간이 지났거나 검게 탄 식빵도 버리지 않고 활용한다. 빵을 숯이 될 정도로 오븐 토스터에 오래 구우면 냉장고 탈취제가 완성된다. 숯처럼 속까지 새까맣게 태우는 것이 포인트. 식빵의 귀를 사용해도 OK.

플라스틱 용기의 냄새는 소금으로 제거

살균 효과가 있는 소금은 냄새를 제거하는 작용도 한다. 플라스틱 용기에 물과 소금을 넣고 잘 흔들면 용기에 배어 있던 냄새가 말끔하게 사라진다. 소금은 자연의 천연 세제로, 주방의 묵은 때를 벗기는 데도 활용할 수 있다.

1. 빵을 2~3㎝ 폭으로 잘라 열기가 고루 미치도록 일정한 간격을 두어 약 10분간 구이 망에 굽는다.

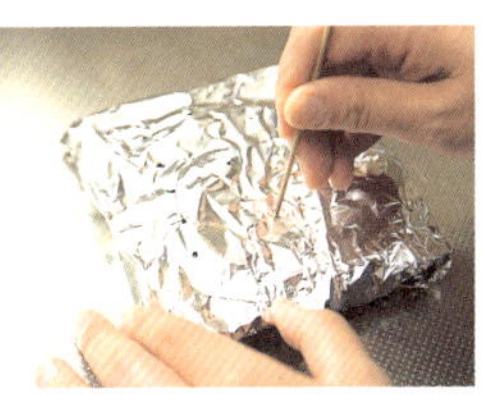

2. 식은 빵을 포일로 싸서 공기가 잘 통하도록 이쑤시개로 양면에 구멍을 뚫는다.

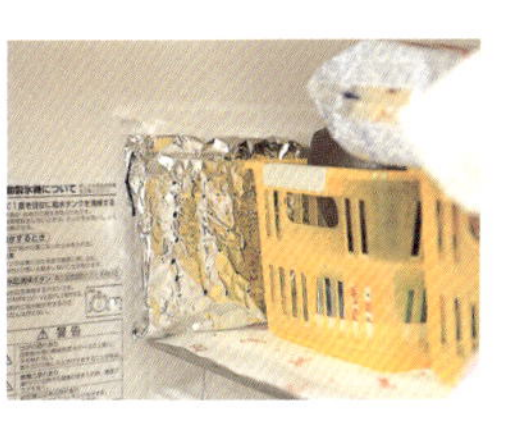

3. 냉장고의 빈 공간에 놓는다. 심한 악취가 아닌 이상 하루 정도면 냄새가 사라진다.

쌀통에 고추를 넣어 두면 바구미가 접근하지 못한다

고추에 함유되어 있는 매운맛 성분인 '캡사이신'에는 벌레를 퇴치하는 효과가 있다. 쌀통에 붉은 고추를 넣어 두면 바구미가 발생하는 것을 막을 수 있다. 벌레가 생기기 전에 실행하는 것이 포인트.

설탕 병에 고무줄을 감아 두면 개미가 접근하지 못한다

개미는 한 마리가 먹이를 발견하면 친구들을 부르는 습성이 있어서 떼를 지어 단 것에 모여든다. 그러나 개미는 고무 냄새를 싫어하기 때문에 설탕 병이나 꿀단지처럼 단 것이 들어 있는 용기에 고무줄을 3~4개 정도 감아 두면 더 이상 접근하지 못한다.

고추냉이 물로 냉장고의 곰팡이 발생을 방지

고추냉이의 매운맛 성분인 '아릴이소티오시아네이트'는 항균 효과가 있어 곰팡이가 피는 것을 막아 준다. 물 1통에 고추냉이의 빈 튜브를 넣고 흔든다. 이 물을 마른 걸레에 적셔 냉장고와 집 안 전체를 닦으면 곰팡이가 피지 않는다.

기름을 흡수하는 전화번호부로 바퀴벌레를 방지

바퀴벌레는 기름 냄새를 좋아하므로 바닥이나 조리대에 기름이 묻지 않도록 주의해야 한다. 병 뚜껑 + 전화번호부를 기름 용기 밑에 받쳐 놓아 기름이 흘러내리는 것을 방지한다. 만일 기름이 묻었다면 그 부분의 페이지만 찢어 버리면 된다.

1. 재료 : 붕산 250g, 양파 200g, 밀가루 70g, 설탕 1큰술, 우유 1/2큰술

2. 양파를 다진 뒤 볼에 모든 재료를 넣고 끈끈해질 때까지 손으로 반죽한다.

3. 500원짜리 동전 크기로 반죽을 동그랗게 빚어 볕이 잘 드는 곳에 둔다. 표면이 마르면 완성.

붕산 양파 경단으로 바퀴벌레를 퇴치

바퀴벌레는 페로몬을 분비하여 동족을 부르는 습성이 있기 때문에 일단 발견한 즉시 퇴치하는 것이 중요하다. 음식물이나 냉장고 뒤 등 바퀴벌레가 돌아다니는 장소에 양파와 붕산으로 만든 경단을 놓아둔다. 붕산 양파 경단을 먹은 바퀴벌레는 소화 기관이 손상되어 탈수 증상을 일으켜 죽는다. 효과는 양파 냄새가 지속되는 약 한 달간 지속된다.

고추냉이로 식품과 냉장고 본체의 곰팡이를 방지

깊숙한 그릇에 고추냉이를 1㎝ 정도 짜 넣고 뚜껑을 덮지 않은 채 그대로 냉장고에 놓는다. 이렇게 하면 고추냉이의 살균 성분이 냉장고에 퍼져 식품과 본체에 곰팡이가 피는 것을 막을 수 있다. 효과는 고추냉이가 마를 때까지 지속된다.

겨자 가루 냄새로 바퀴벌레를 퇴치

겨자 가루 1/2작은술을 티백 봉지 등에 넣어 바퀴벌레가 자주 다니는 식기장에 넣어 둔다. 바퀴벌레는 겨자 냄새를 싫어하기 때문에 더 이상 접근하지 못한다. 바퀴벌레는 극히 적은 양의 수분으로도 생존이 가능하기 때문에 식기를 수납할 때는 물기를 완전히 말리는 것이 중요하다.

음식물 쓰레기 처리 방법 ①

우엉 우린 물이 음식물 쓰레기의 냄새를 제거

우엉의 쓴맛을 우려낸 물을 삼각 코너의 음식물 쓰레기에 부으면 금세 냄새가 사라진다. 이것을 분무기에 담아 냉장 보관해 두면 상비용 탈취제가 된다.

음식물 쓰레기에 탄산수소나트륨을 뿌려 냄새를 방지

삼각 코너나 배수구에 쌓인 음식물 쓰레기 위에 탄산수소나트륨 1작은술을 뿌린다. 탄산수소나트륨이 냄새를 흡착하는 작용을 하여 그 위에 음식물 쓰레기를 버려도 냄새가 나지 않는다.

우유팩으로 일회용 사각 코너를 만든다

삼각 코너는 부지런히 청소하지 않으면 물때가 끼기 쉬워 항상 신경이 쓰이는 곳이다. 우유팩으로 사각 코너를 만들어 일회용으로 사용하면 고민 해결. 바닥면 4개의 모서리 끝을 가위로 잘라 물기를 제거해 사용하면 된다.

숯으로 음식물 쓰레기통의 냄새를 제거

숯에는 탈취 · 방습 효과가 있어서 음식물 쓰레기통의 냄새를 제거하는 데 효과적이다. 채소 망에 숯을 넣어 휴지통 뚜껑 안쪽에 붙여 놓으면 악취가 발생하지 않는다.

▼ 숯을 넣은 망을 뚜껑 안쪽에 붙인 후 크에 걸고 캔 따개로 고정한다.

수거일까지 냉동실에 보관하여 악취를 예방

생선 내장처럼 비린내가 심한 쓰레기는 휴지통에 버리면 악취가 발생한다. 이런 쓰레기는 비닐 봉지에 이중으로 싸서 넣고 입구를 묶은 다음 음식물 쓰레기 수거일까지 냉동 보관하는 것도 방법이다. 이렇게 하면 바퀴벌레도 막을 수 있다.

휴지통 바닥에 건조제를 깔아 냄새를 제거

휴지통 바닥에 건조제(물기가 있는 휴지통은 반드시 실리카겔을 이용) 2~3개 정도를 깔고 그 위에 비닐 봉지를 씌우면 건조제가 쓰레기의 습기와 냄새를 흡수한다. 실리카겔은 알갱이가 변색되면 교환한다.

기름은 우유팩을 이용해 처리

여러 번 사용해서 지저분해진 기름을 처리할 때는 우유팩을 활용한다. 팩의 4면을 15cm 정도 잘라 벌린 다음 신문이나 종이 등을 채우고 기름을 부으면 된다. 기름이 새지 않도록 입구에 접착 테이프를 붙이면 안심하고 버릴 수 있다.

튀김을 하고 남은 기름은 밀가루를 이용해 흡수

뒤처리가 까다로운 튀김 기름. 양이 적다면 튀김옷으로 쓰고 남은 밀가루를 팬에 뿌린 다음 우유팩 조각으로 골고루 섞어 기름을 흡착시키면 작은 덩어리로 뭉쳐진다. 이것을 신문지 등에 싸서 음식물 쓰레기로 버린다.

낡은 스타킹으로 만드는 거름망

올이 나가서 신지 못하게 된 팬티스타킹의 다리 부분을 3등분하여 한쪽 끝을 묶어 자루 모양을 만들어 배수구의 거름 망으로 이용한다. 1켤레로 6개 정도의 망을 만들 수 있다. 부지런히 교환하여 싱크대의 청결을 유지하자.

음식물 쓰레기 처리 방법 ②

1. 펼친 신문지를 2장 겹친 다음 밑에서 1/4 정도 되는 위치에서 위로 접는다.

2. ①을 그대로 뒤집어 세로로 3등분하여 접었다가 좌우를 안쪽으로 접는다.

3. 위쪽 면의 아래쪽 모서리를 다른 쪽 면의 접은 부분에 끼운다.

4. ③을 뒤집어 이번에는 반대쪽을 삼각으로 접는다.

5. ④에서 만든 삼각 부분을 위로 접어 끝부분을 위쪽의 접혀 있는 부분에 끼운다.

6. 양배추를 통째로 넣을 수 있는 크기의 봉지가 완성되었다. 여러 개 만들어 두고 이용한다.

'신문지 봉지'로 음식물 쓰레기를 간단하게 처리

젖은 쓰레기나 채소 껍질 등을 담을 때는 신문지로 봉지를 만들어 활용하면 좋다. 이 '신문지 봉지'를 여러 개 만들어 주방에 준비해 두면 음식물 쓰레기를 처리하기가 쉬워지고 청소 시간도 단축된다. 삼각 코너에 넣어 두거나 비닐 봉지에 담은 음식물 쓰레기를 싸는 등 다양하게 활용할 수 있다.

PART 4 | 수납

STORAGE

집이 좁다고 포기할 필요는 없다. 거실에 여유 공간이 없다면 가구 사이의 빈 틈과 벽면을 활용하면 된다. 가로로 눕혀서 쌓아 놓았던 것을 세워서 정리하는 것도 좋은 방법. 생각의 전환과 작은 아이디어로 집 안이 깔끔하고 쾌적해진다.

거실 정리와
수납 아이디어

편지나 청구서는 핀 업 보드에 끼워 놓는다

편지나 청구서처럼 보관하기도 버리기도 마땅치 않은 물건은 코르크 판에 헤어 밴드 5개를 핀으로 고정한 핀 업 보드에 끼워 놓으면 된다. 어디든 기대어 세울 수 있어 편리하다.

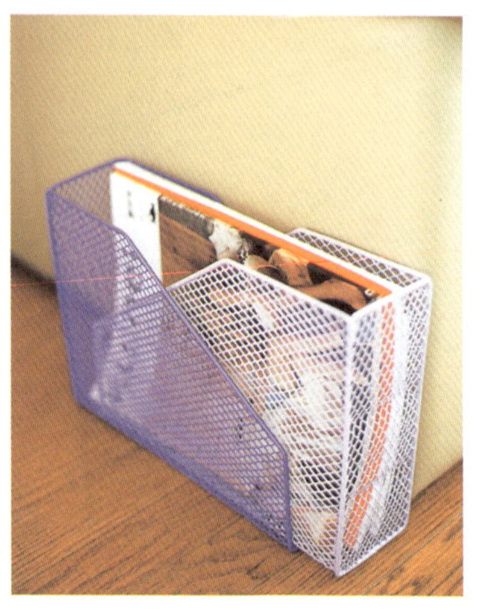

서류 스탠드 2개로 심플한 잡지꽂이를

천원숍에서 파는 서류 스탠드는 용도가 매우 다양하다. 같은 것을 2개 맞물려 거실에 놓아두면 크기 조절이 가능한 잡지꽂이가 된다. 그물 모양의 스탠드가 끼우기 좋아 편리하다.

티슈함으로 바닥 밀대 전용 수납함을

세워 둘 곳이 마땅치 않은 바닥 밀대는 티슈함의 옆면을 잘라 내고 예쁜 천을 붙여 전용 수납함을 만들면 된다. 티슈함과 밀대의 가로 폭은 대부분 들어맞는다. 청소가 끝난 뒤에는 보기 좋게 수납함에 넣어 둔다.

우유팩과 페트병으로 만드는 북엔드

곁에 두고 싶은 가계부나 잡지, 책 등의 북엔드(bookend, 책버팀)는 우유팩을 이용해 만든다. 팩 속에 500mℓ들이 페트병을 넣는 것이 포인트. 우유팩 2개를 붙여 그 위에 예쁜 천을 씌우고 양면 테이프로 고정하면 완성.

식빵 클립으로 플러그를 구분

TV나 비디오, 컴포넌트 등 복잡하게 엉클어져 있는 전기 코드는 식빵 봉지 클립에 가전의 이름을 써서 코드에 끼우면 깔끔하게 구분할 수 있다. 플러그를 헷갈리지 않고 꽂았다 뺐다 할 수 있어서 전기료도 절약된다.

비디오 케이스 2개로 신문지 보관함을

반으로 자른 비디오 케이스를 양면 테이프로 싱크대 밑 등의 문 뒤쪽에 고정한다. 여기에 신문지를 꽂아 두면 주방이 더러워졌을 때 바로바로 꺼내서 청소할 수 있다. 평소에는 문을 닫아 놓기 때문에 밖에서는 보이지 않는다.

테이블 밑에 수건 걸이를 설치하여 잡지를 수납

죽은 공간이 되기 쉬운 테이블 밑도 수납 공간으로 활용할 수 있다. 테이블 밑에 수건 걸이 2개만 설치하면 신문·잡지 전용 공간으로 변신한다. 수건 걸이는 점착 테이프로 붙이는 유형이면 OK.

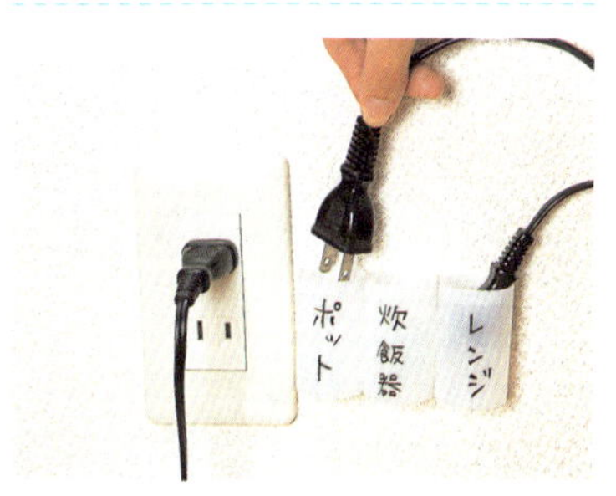

컬러 박스를 벽돌로 연결하면 수납 공간이 확장

가로로 눕혀서 포갠 컬러 박스의 다리와 연결 부분에 벽돌을 끼워 넣으면 새로운 수납 공간이 탄생한다. 여기에 잡지나 자질구레한 물건을 담은 바구니 등을 수납하면 된다. 이렇게 벽돌을 끼워 넣기만 해도 수납 공간이 20%는 넓어진다.

필름 케이스에 전기 플러그를 수납하여 대기 전력을 절약

사용하지 않는 가전 제품의 플러그를 뽑아 대기 전력을 아끼는 방법. 가전의 이름을 적은 필름 케이스를 벽에 붙인 뒤 플러그를 뽑아 넣어 두기만 하면 된다. 플러그가 엉키는 것을 방지하고 한눈에 어떤 플러그인지 알 수 있다.

긴 코드는 화장지 심 속에

화장지 심을 이용하여 가끔씩 사용하는 가전의 코드를 정리한다. 길이, 부드러움, 굵기가 모두 안성맞춤이다. 심의 바깥쪽에 예쁜 천을 붙여도 좋다.

＊ 천 테이프는 뒷면에 접착제가 붙어 있어 편리하다.

컬러 박스 활용하기

가격이 저렴한 컬러 박스로 집 안 곳곳을 리모델링하여 수납 공간을 넓힌다. 조립이 간단해서 초보자도 손쉽게 작은 가구를 만들 수 있다.

컬러 박스 2개와 천장 판을 조립하여 아이용 책상 만들기

컬러 박스 2개를 설명서에 나온 방법대로 조립한 다음 천장 판 한 장만 연결하면 아이용 책상이 완성된다. DIY 초보자라도 30분이면 작업이 끝난다.

1. 쇠망치, 못, 펜치, 드라이버, 자, 톱을 준비한다. 나사는 다양한 크기가 들어 있는 것으로 준비.

2. 컬러 박스 2개를 조립한다. 이 부분이 책상의 수납 공간이 된다.

3. 천장 판(30×140㎝)을 컬러 박스 위에 얹는다. 벽과 컬러 박스 사이에 곰팡이가 피지 않도록 천장 판이 뒤쪽으로 약간 튀어나오게 한다.

4. 천장 판 위에서 컬러 박스의 4모서리, 즉 8군데에 못을 박아 고정한다. 못은 천장 판을 뚫고 지나갈 수 있도록 5㎝ 이상 되는 것을 사용한다.

컬러 박스에 바퀴를 달아 벽장을 정리

바퀴 달린 컬러 박스의 안쪽에 책꽂이가 있다. 바퀴가 달려 있어서 벽장에서 쉽게 뺄 수 있기 때문에 책꽂이도 죽은 공간이 되지 않는다.

바퀴 달린 컬러 박스의 윗단에는 큼직한 물건이나 가방 등을 수납한다. 아랫단에는 먼지가 쌓이기 쉬우므로 크기가 맞는 상자를 준비하여 자질구레한 물건을 넣은 다음 서랍식으로 수납한다.

서랍의 방향이 제각각이면 내용물을 확인하기가 불편하다. 방향을 통일해야 하므로 손잡이의 위치가 달라지지 않도록 주의한다.

컬러 박스에 손잡이와 바퀴를 달면 서랍처럼 쉽게 넣었다 뺄 수 있어 더욱 편리하다. 바퀴 달린 컬러 박스를 벽장 수납에 활용하면 물건을 편리하고 보기 좋게 정리할 수 있다. 컬러 박스를 조립하는 것과 마찬가지로 나사로 고정하기만 하면 되기 때문에 작업도 간단하다.

1. 컬러 박스의 측면 판에 손잡이를 달 위치를 정하여 표시한다. 손잡이를 대고 동그랗게 위치를 표시해 두면 알기 쉽다.

2. 높이는 상단에서 6㎝ 정도가 적당하다. 나사를 조일 곳에 먼저 못을 박았다가 빼서 가볍게 구멍을 뚫어 둔다.

3. 못을 사용하여 뚫어 놓은 작은 구멍을 나사가 들어가기 쉽도록 드라이버를 사용하여 넓힌다.

4. 판 뒤쪽에서 나사를 조인다. 나사가 표면으로 나오면 손잡이를 대고 조여 단단히 고정한다.

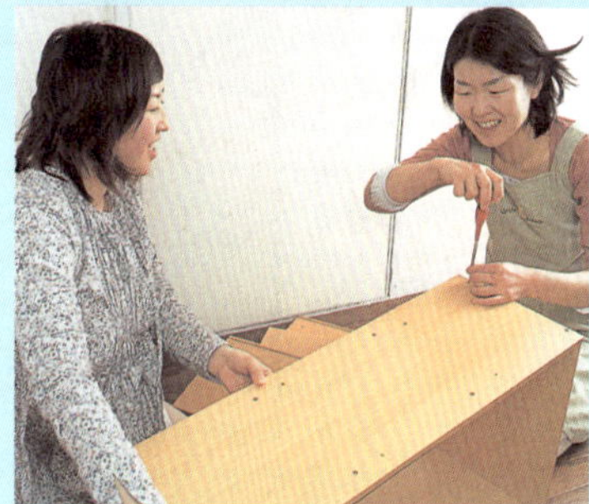

5. 초보자의 경우 판을 눌러 주면 조립이 수월하므로 다른 사람의 도움을 받는 것이 좋다.

6. 도와줄 사람이 없는 경우 처음에는 가운데 선반부터 먼저 달고 가운데 선반을 무릎으로 받치면서 다른 선반을 단다.

7. 손잡이를 달지 않은 측면 판에 가운데 선반, 위아래 선반의 순서로 고정하고 뒤쪽 판을 끼워 넣은 다음 손잡이가 달린 판을 단다.

8. 마지막으로 바닥에 바퀴를 단다. 가능하면 바깥쪽에 다는 것이 안정감이 있다.

수건 걸이에 넥타이를 건다

옷장에 수건 걸이를 설치하여 넥타이를 걸면 편리하다. 다리가 여러 개 달려 있어서 넥타이를 겹쳐 걸지 않아도 되기 때문에 찾기 쉽다. 다리 끝에 스토퍼가 달려 있어서 미끄러져 떨어질 염려도 없다.

랩 심을 활용하여 바지의 주름 방지

철사 옷걸이의 아래쪽 끝에서 약 15㎝ 되는 곳을 펜치로 자른 다음 랩 심을 끼운다. 심에 고무줄을 감아 두면 바지가 미끄러져 떨어지지 않는다.

스웨터와 운동복은 둥글게 말아 고무줄로 고정

부피가 큰 스웨터와 운동복 등을 서랍이나 수납함에 넣을 때는 둥글게 마는 것이 좋은 방법이다. 고무줄로 2군데 정도 고정해 두면 안에서 펼쳐지지도 않고 수납량도 많아진다.

파자마는 둥글게 말아 바구니에 세워서 수납

파자마나 티셔츠처럼 자주 세탁하는 의류는 둥글게 말아 바구니에 세워서 수납하는 것이 편리하다. 이렇게 하면 어떤 옷이 있는지를 한눈에 알 수 있어 옷장 아래쪽을 헤집어 볼 필요가 없다. 약간 깊은 바구니가 좋다.

담요는 와이셔츠로 싸서 벽장에 수납

손님용이나 자주 사용하지 않는 담요를 벽장에 수납할 때는 접어서 둘둘 말아 단추를 채운 와이셔츠를 씌워 보관한다. 이렇게 한 뒤에 양팔 부분을 묶으면 훌륭한 담요 커버가 된다. 부피도 작아지고 먼지도 묻지 않는다.

서랍 높이의 옷받침을 활용하여 세탁한 옷을 갠다

의류를 세워서 서랍에 넣으면 수납량이 늘어나는데, 이렇게 하기 위해서는 세탁한 옷을 서랍 높이에 맞게 개는 것이 중요하다. '서랍 높이 좌우 20㎝' 정도로 잘라 낸 다음 구멍을 뚫은 옷받침을 마분지로 만들어 두면 옷을 항상 같은 크기로 갤 수 있다.

1. 셔츠의 등 쪽이 위로 오도록 펼쳐 놓는다. 옷받침을 등 윗부분에 놓는다.

2. 옷받침의 왼쪽 변에 맞춰 셔츠의 왼쪽을 오른쪽으로 접는다. 오른쪽도 마찬가지.

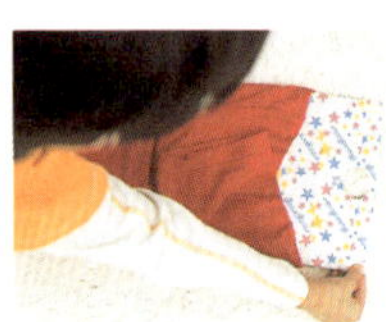

3. 아랫단을 밑변에 맞춰 접고 옷받침을 뺀다. 아랫단을 한 번 더 접으면 완성.

CD나 디스켓은 티슈함에 수납

작아서 장소를 차지하지 않는 대신 여기저기 흩어져 있기 쉬운 CD와 디스켓. 그러나 다 쓰고 난 빈 티슈함에 보관하면 많은 양을 수납할 수 있다. 겉면에 예쁜 천을 두르면 장식 효과도 커진다.

세제 상자를 CD 박스로 활용

튼튼한 재질의 세제 상자에 크기가 맞는 CD를 넣으면 8장이나 수납할 수 있다. 손잡이가 달려 있는 것에 수납하면 들고 다닐 수 있어 차에 실을 때 편리하다.

포켓 티슈도 티슈함에 수납

티슈함의 세로 폭과 주유소에서 사은품으로 주는 포켓 티슈의 가로 폭은 대부분 똑같다. 그냥 두면 차 안을 어지럽히는 포켓 티슈도 티슈함에 넣으면 깔끔하게 정리할 수 있다.

엽서는 드링크제 상자에 수납

영양 드링크제의 빈 상자에 엽서를 넣으면 무려 700장이나 들어간다. 추억하고 싶은 엽서를 여러 해 동안 보관할 수 있고, 연대순으로 정리하여 보관해 두면 쉽게 찾을 수 있다.

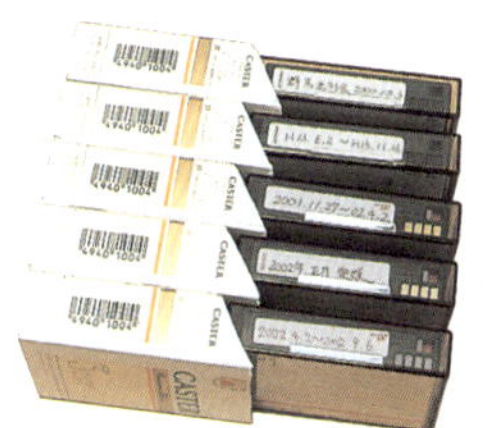

디지털 비디오 테이프는 담뱃갑을 연결하여 수납

상자 모양의 담뱃갑과 디지털 비디오 테이프의 크기는 같다. 빈 갑 몇 개를 양면 테이프로 붙이면 칸막이가 있는 테이프 수납 케이스가 완성된다.

맥주 상자를 문고본 책꽂이로 이용

캔맥주용 골판지 상자는 재질이 튼튼해서 무거운 책을 넣어도 쓰러지지 않는다. 350㎖들이 캔 상자와 문고본은 높이가 거의 같아서 골판지 상자를 세로로 잘라 내면 책꽂이가 완성된다.

맥주 상자를 비스듬히 자르면 잡지꽂이가 된다

350㎖들이 캔맥주 상자를 비스듬히 자르면 잡지꽂이로 사용할 수 있다. 재질이 튼튼하여 안정감이 있다. 상자 1개로 2개의 잡지꽂이를 만들 수 있어 많은 양을 수납할 수 있다.

문고본 도서는 신발 상자에 넣어 벽장에 수납

문고본 도서를 벽장 등에 수납할 때는 뚜껑이 달려 있는 신발 상자를 활용한다. 책의 두께에 따라 다르지만 상자 1개에 약 20권 정도의 문고본이 들어간다.

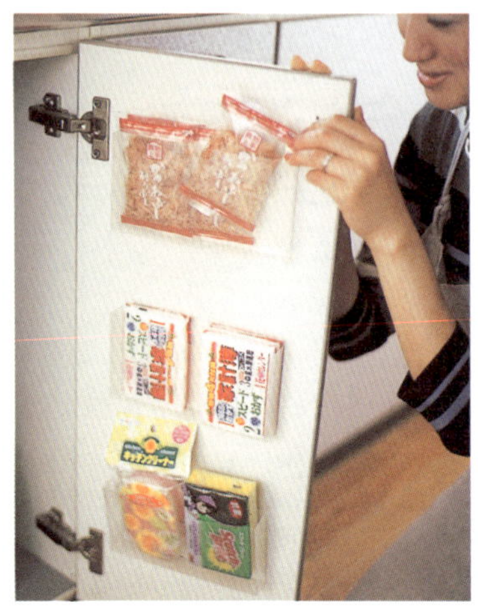

서류 케이스와 머리 끈으로 랩 홀더를 만든다

싱크대 밑의 문 안쪽에 후크를 달고 천원숍에서 구입한 서류 케이스를 설치한 다음 머리 끈 2개를 가로로 걸쳐 고정한다. 랩과 알루미늄 포일 등의 수납에 안성맞춤이다. 선 채로 넣고 꺼내기가 편리하다.

투명 비디오 케이스를 문 안쪽에 붙인다

싱크대 밑의 문 안쪽처럼 눈에 띄지 않는 곳에 양면 테이프로 비디오 케이스를 붙인다. 여기에 조미료 봉지나 스펀지 등의 부피가 작은 물건을 보관한다. 내용물이 보이는 투명한 케이스가 좋다.

쟁반은 자석 시트를 이용하여 냉장고에 부착

자주 사용하긴 하는데 수납 공간이 마땅치 않은 쟁반. 쟁반은 크기에 맞춰 자른 자석 시트를 뒤쪽에 양면 테이프로 붙여 냉장고 측면에 부착한다. 자석 시트는 천원숍 등에서 구입한다.

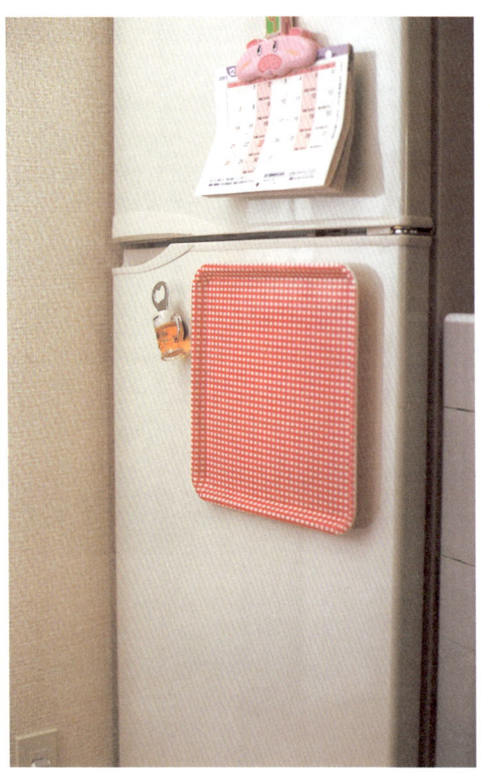

통조림은 굴러다니지 않도록 고무줄을 감아 수납

옆면에 상표가 부착되어 있는 통조림은 눕혀서 수납해야 재고를 확인하기 쉽다. 그러나 눕혀 놓으면 이리저리 굴러다니는 것이 문제. 이때는 몸통의 중앙에 고무줄 1개를 감아 두면 된다. 꺼낼 때는 고무줄을 잡아당긴다.

깔판 2장을 맞붙여 주방 걸이를 만든다

자질구레한 물건이 많은 주방 용품을 수납할 때는 벽면을 활용하는 것이 포인트. 깔판 2장을 목공용 본드로 맞붙인 뒤 한쪽에 S자 나사를 달면 계량 스푼이나 거품기 등을 걸어 놓을 수 있다. 깔판 사이의 빈 공간에는 행주나 랩 등을 수납한다.

샴푸 선반에 조미료와 조리 도구를 수납

스테인리스제가 많은 화장실 소품을 주방에서 활용하는 것도 방법. 샴푸 선반을 조리대 구석의 좁은 공간에 설치하고 조미료와 조리 도구 등을 수납한다.

미니 수건 걸이로 죽은 공간을 활용

냉장고나 식기장의 옆면 등을 수납 공간으로 활용하고 싶다면 미니 수건 걸이 2개를 세로로 부착한 다음 테이블 크로스 등을 수납한다. 둥글게 말아서 1장씩 끼워 넣으면 조리 중에도 쉽게 꺼내 쓸 수 있어 편리하다.

석쇠 요리책 홀더를 흡반 후크로 냉장고에 설치

이때는 석쇠를 잘 구부리는 것이 포인트. 구부린 석쇠를 흡반 후크로 눈높이에 맞춰 냉장고에 부착하면 요리책을 펼쳐서 꽂아 놓을 수 있는 홀더가 된다.

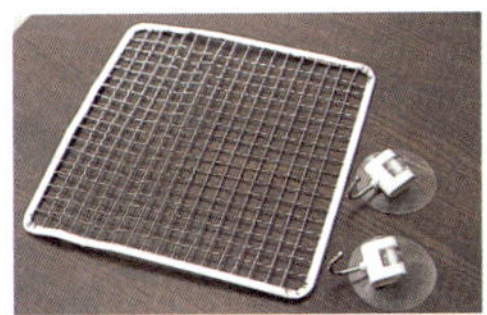

1. 준비물 : 알루미늄 석쇠(사방 23cm), 내하 중량 1.5kg의 흡반 후크 2개.

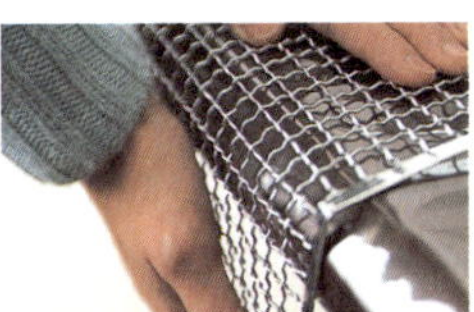

2. 끝에서 8cm 되는 부분을 책상 모서리에 대고 90° 구부린 다음 책이 들어갈 2cm 정도의 공간을 남겨 놓고 다시 90° 구부린다.

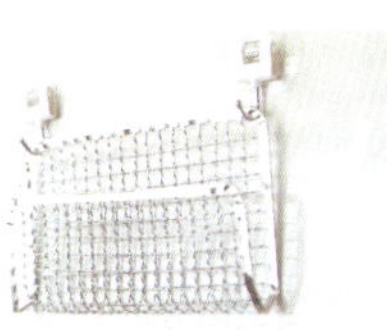

3. 흡반 후크 2개를 냉장고에 부착하고 석쇠를 걸면 요리책 홀더가 완성된다.

싱크대 밑의 조리 도구를 서류 케이스에 세워서 수납

싱크대 밑에 쌓아 두기 쉬운 프라이팬이나 냄비 뚜껑은 플라스틱 서류 케이스를 사용하여 세워서 수납한다. 넣고 꺼내기가 간편하고, 싱크대 밑의 좁은 공간을 충분히 활용할 수 있다.

주방 · 현관 화장실 정리와 수납 아이디어

높은 곳의 선반에는 손잡이가 달린 상자를 수납

손이 닿지 않아 구석 공간을 낭비하기 쉬운 싱크대 위의 선반을 활용하는 방법. 선반 높이와 같은 빈 상자에 끈으로 손잡이를 달고 서랍식으로 사용하면 공간을 충분히 활용할 수 있다.

파이프 2개로 공간 2배 활용하기

남는 공간에 파이프 2개를 설치하여 선반을 만들면 수납 공간이 2배로 늘어난다. 잡동사니를 상자에 담아 올려놓는다. 수납할 물건에 맞게 위치를 정할 수 있다는 것도 장점.

화장실에 선반을 달아 화장지를 수납

수납에 활용하기 어려운 공간인 화장실 변기 위쪽에 선반을 설치하고 화장지를 수납한다. 물건은 사용 장소 가까이 수납하는 것이 원칙이다. 파이프를 부착하고 예쁜 커튼을 드리우면 장식 효과도 있다.

밀폐성이 좋은 분유통을 분류 수납에 활용

분유통은 뚜껑이 있어서 밀폐성이 좋고, 세우거나 눕혀서 쌓아 놓기도 좋은 훌륭한 수납 도구다. 분유통에 조미료나 차 등을 보관하여 선도를 유지한다. 포장지와 이름표를 붙이면 보기도 좋고 사용하기도 편하다.

1. 분유통의 옆면 4군데에 양면 테이프를 붙여 두면 포장지를 튼튼하게 붙일 수 있다.

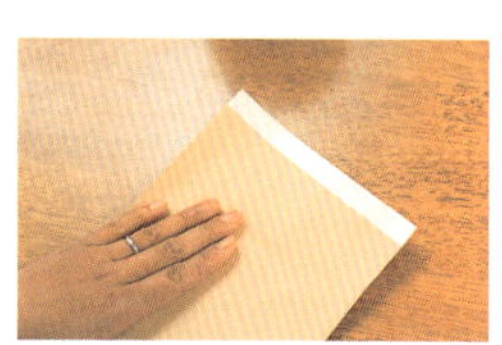

2. 옆면의 크기에 맞게 포장지를 자른다. 짧은 면의 양끝에 양면 테이프를 붙인다.

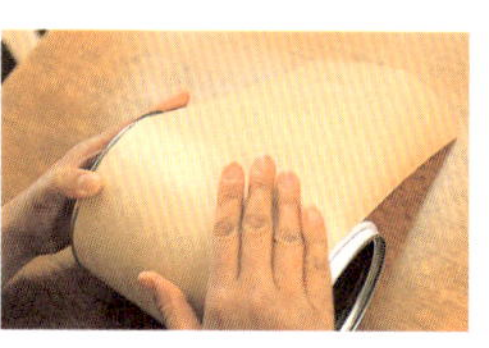

3. 옆면에 포장지를 감아 가며 들뜨지 않게 붙인다.

아이 신발은 네트 행거에 건다

작고 가벼운 아이 신발은 천원숍에서 구입한 네트 행거에 S자 후크를 단 다음 걸어서 수납하면 편리하다. 네트 행거를 벽에 세워 놓으면 현관 공간도 절약할 수 있다.

깔판 2개로 우산꽂이를 만든다

현관에 아무렇게나 방치되기 쉬운 우산을 수납할 때는 '깔판 우산꽂이'를 만들어 벽에 세워 두면 공간이 절약된다. 깔판 2장을 맞대고 다리를 목공용 본드로 붙인다. 이렇게 하면 우산을 여러 개 수납할 수 있고, 통기성도 좋다.

낡은 스타킹을 신발에 씌운다

철이 지나 신지 않는 신발을 보관할 때는 낡은 스타킹을 씌워 놓으면 촘촘한 그물코 덕분에 먼지가 묻지 않는 데다 통기성도 뛰어나다. 신발 높이에 맞게 잘라 내면 아이 신발이나 부츠 등 어떤 신발에나 활용할 수 있다.

물에서 갖고 노는 장난감은 세탁 망에 넣는다

아이가 욕조에서 갖고 노는 장난감은 큼직한 세탁 망에 한꺼번에 수납한다. 흡반 후크를 부착하고 걸어 두면 자연히 물기가 빠져 위생적이다.

페트병으로 만드는 비닐 봉지 홀더

슈퍼마켓의 비닐 봉지를 모아 두었다가 한 장씩 간편하게 꺼내 쓸 수 있는 방법. 비닐 봉지를 서로 연결하여 바닥 면을 잘라 낸 2ℓ 들이 페트병에 넣기만 하면 된다. 입구에서 1장씩 빼면 다음 봉지의 끝이 딸려 나온다.

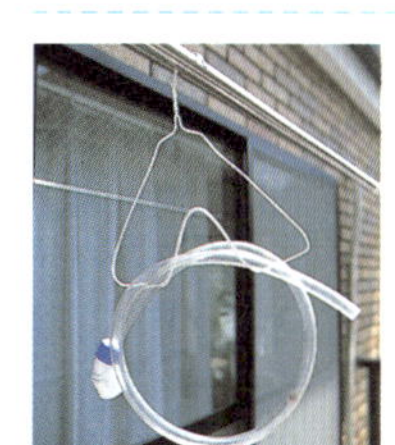

◀ 철사 옷걸이는 녹이 슬지 않아 습기가 많은 화장실에 놓아도 안심이다. 호스 등을 걸어 그대로 햇빛에 말린다.

옷걸이를 활용하여 대야의 물기를 제거

철사 옷걸이를 손으로 구부려 미니 건조대를 만든다. 옷걸이의 아래쪽 부분을 밑으로 잡아당겨 늘린 다음 가운데서 45° 정도 위로 구부리면 된다. 여기에 대야나 호스 등을 걸어 말린다.

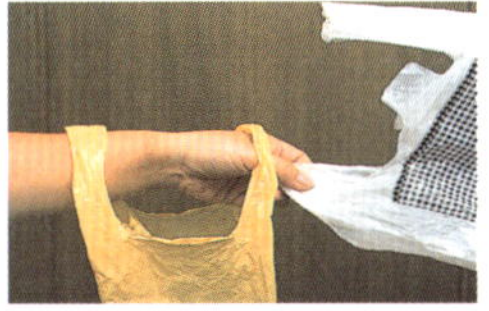

1. 손잡이를 팔에 걸고 다른 봉지의 손잡이 한쪽을 쥐면 비닐 봉지를 연결할 수 있다.

2. 그대로 팔을 빼면 사진에서처럼 비닐 봉지끼리 연결된다.

3. 바닥 면을 잘라 낸 페트병에 집어 넣는다. 마지막에 연결한 봉지의 손잡이를 아래쪽으로 향하게 하여 입구 밖으로 약간 빼 놓는다.

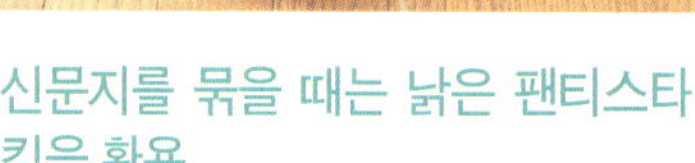

신문지를 묶을 때는 낡은 팬티스타킹을 활용

팬티스타킹의 허리 부분의 고무를 잘라 내어 신문지 등을 묶을 때 끈으로 사용한다. 신축성이 있어서 힘이 없는 여성이라도 단단히 묶을 수 있다. 양쪽 다리 부분을 합쳐서 함께 꼬면 더욱 튼튼한 끈이 된다.

포인트 카드는 포켓 앨범에 수납

점점 개수가 많아져 관리하기 어려운 포인트 카드. 사진관에서 주는 포켓 앨범을 반으로 잘라 한 장에 한 개씩 수납하면 안에 어떤 것이 들어 있는지 한눈에 알 수 있고, 갖고 다니기도 편리하다.

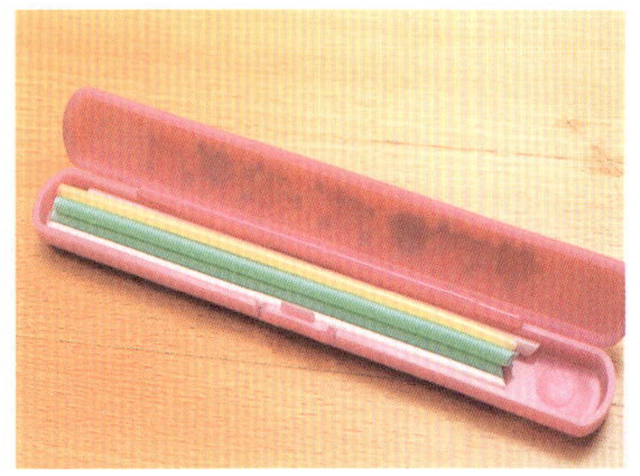

아이용 빨대는 수저통에 넣어 외출

컵을 제대로 사용하지 못하는 아이와 외출할 때는 반드시 빨대를 가지고 나가야 한다. 수저통에 빨대를 넣어 갖고 다니면 크기도 딱 맞고, 필요할 때 바로 꺼내 쓸 수 있어 편리하다. 빨대가 접히거나 더러워지지도 않는다.

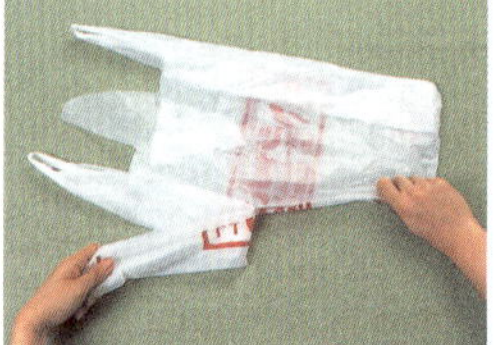

다 쓴 제습제 용기는 제초제와 연필꽂이로 활용

제습제에 모인 물을 잡초에 뿌리면 제초제 역할을 한다. 빈 용기는 잘 씻어서 연필꽂이나 칫솔꽂이로 사용한다. 뚜껑에 뚫려 있는 구멍에 꽂으면 잘 쓰러지지 않는다. 예쁜 시트지나 포장지를 붙이면 장식 효과도 높아진다.

식빵 봉지의 클립을 머리 끈 홀더로 활용

한곳에 챙겨 두지 않으면 이리저리 굴러다니다 없어지기 쉬운 아이의 머리 끈을 식빵 봉지의 클립으로 한 쌍씩 흩어지지 않게 고정해 두면 바쁜 아침에도 쉽게 골라 사용할 수 있다.

비닐 봉지를 세로로 찢어 끈으로 이용

비닐 봉지는 단지 물건을 담는 도구라는 상식을 깨면 다양하게 활용할 수 있다. 비닐 봉지에 세로로 칼집을 넣어 길게 찢어서 비닐 끈으로 사용하면 된다. 손으로 꼬아서 묶으면 더 긴 끈이 된다.

PART 5 | 청소

CLEANING

시간과 노력을 들이지 않고 간단히 끝내 버리고 싶은 청소. 처음부터 때가 타지 않게 방지하는 대책부터 묵은 때를 말끔히 제거하는 아이디어, 세제를 쓰지 않는 지혜, 편리한 청소 도구에 이르기까지 생활의 지혜가 가득하다.

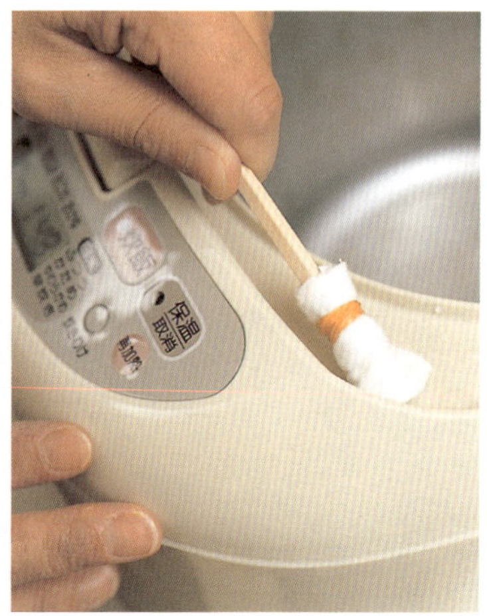

스펀지에 칼집을 넣어서 새시 홈을 청소

창문 새시를 청소할 때는 낡은 욕실용 스펀지를 활용한다. 홈의 깊이에 맞춰 스펀지에 칼집을 넣은 뒤 새시 홈에 밀착시켜 문지르면 된다. 청소기나 먼지떨이로는 제거하지 못한 묵은 때와 먼지까지 말끔하게 닦인다.

전기 밥솥의 가장자리는 나무젓가락 + 천으로 청소

전기 밥솥 등 가전 제품의 가장자리는 폭이 좁아 청소하기가 까다롭다. 이때는 천을 여러 번 접은 뒤 반으로 쪼갠 나무젓가락을 끼우고 고무줄로 감아 고정한 청소 도구를 이용해 닦아 낸다.

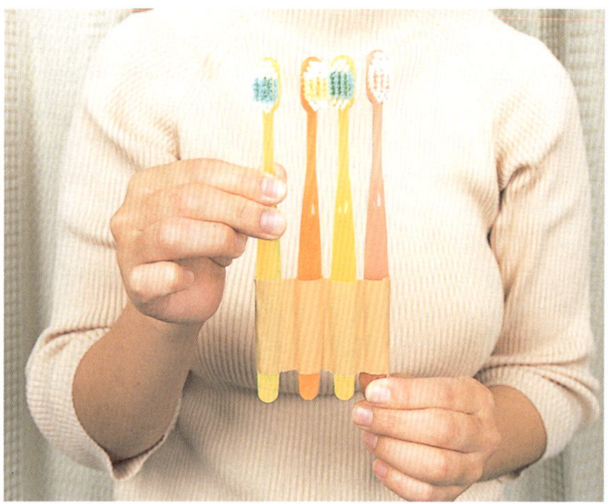

배수구는 낡은 칫솔로 만든 만능 브러시로 닦는다

낡은 칫솔 4개를 5mm 정도 간격을 두고 점착 테이프로 붙이면 '4륜 만능 브러시' 가 된다. 청소할 곳에 따라 자유롭게 모양을 바꿀 수 있다. 간격을 벌려서 붙여야 둥근 모양으로 말아 줄 수 있다.

랩 심 + 고무줄로 카펫을 청소

랩 심에 7~8개의 고무줄을 간격을 벌려 단단히 감은 다음 카펫 위에서 굴리면 청소기로 제거하지 못한 머리카락이나 보풀 등의 쓰레기가 고무줄에 감겨 나온다. 고무줄을 벗겨 물에 담그면 쓰레기가 쉽게 분리된다.

▲ 싱크대 배수구처럼 큰 곡면도 깨끗이 닦인다. 더러워지면 그대로 버리면 된다.

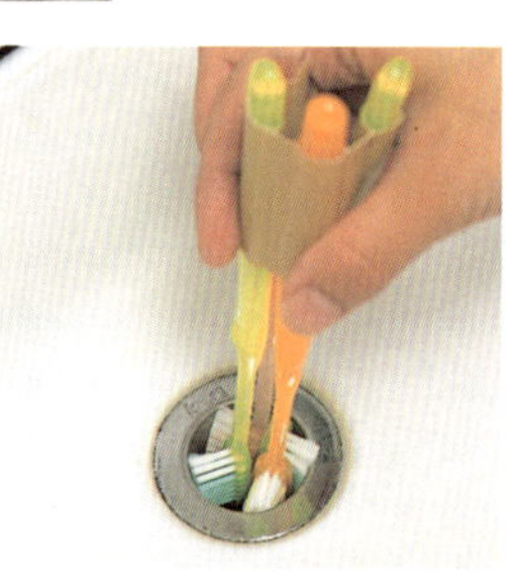

▶ 세면대의 작은 배수구는 만능 브러시를 둥글게 쥐고 돌리면서 닦는다.

▲ 커튼 레일에 낀 먼지도 간단하게 제거할 수 있다.

▲ 에어컨 위쪽 구석까지 먼지를 닦아 낸다.

▲ 3장을 겹쳐서 끼고 바닥을 닦는다. 더러워지면 한 장씩 벗긴다.

옷걸이에 낡은 팬티스타킹을 씌워 먼지떨이를 만든다

철사 옷걸이를 세로로 길게 늘인 다음 낡은 팬티스타킹을 씌운다. 가운데를 직각으로 구부리면 높아서 손이 닿지 않는 곳의 먼지도 쉽게 제거할 수 있다. 스타킹으로 문지를 때 일어나는 정전기에 의해 먼지가 날리지 않고 달라붙는다.

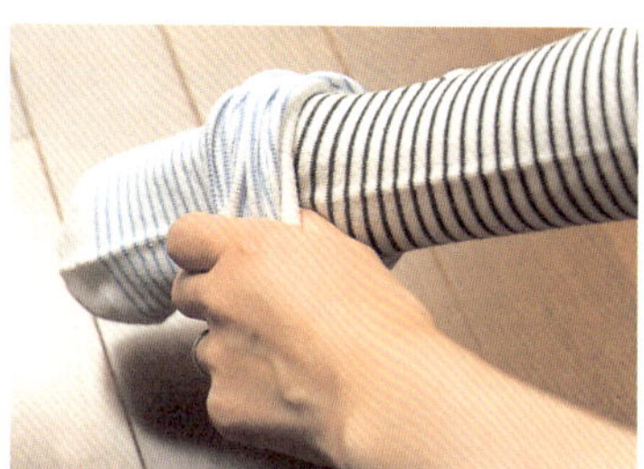

▲ 다시 더러워지면 또 한 장을 벗긴다.

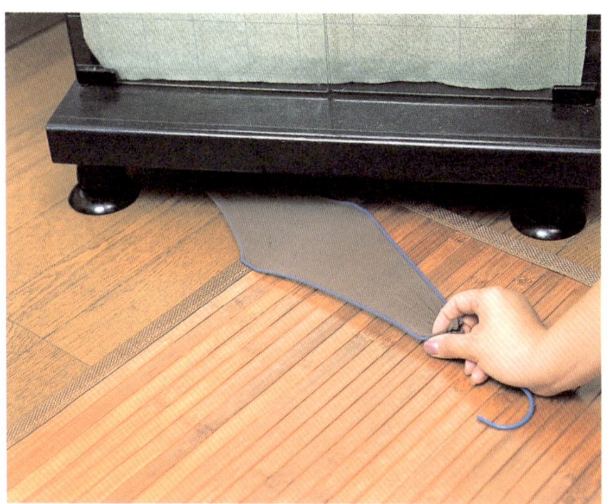

▲ TV 받침대 아래 틈도 청소할 수 있다.

낡은 양말을 겹쳐 손에 끼고 청소

구멍 뚫린 양말도 버리지 않고 청소에 활용한다. 손에 낡은 양말을 몇 장 겹쳐 끼고 창문이나 주방, 세면대, 바닥, 선반 등등 집 안 여기저기를 닦는다. 더러워지면 한 장씩 벗겨서 버리면 된다.

* 청소를 훨씬 쉽고 깔끔하게 해 주는 청소기지만 흡인력이 강해 작은 연필이나 동전 등의 소품이 빨려들어간다. 온갖 먼지를 빨아들이다 보니 노즐이 쉽게 더러워지는 것도 걱정. 낡은 스타킹과 화장지의 심 등 재활용품을 이용하여 보다 깔끔하게 청소기를 사용할 수 있다.

이불 먼지와 진드기는 청소기 헤드에 스타킹을 씌워 제거

청소기로 이불의 먼지와 진드기를 청소하고 싶은데 이불까지 흡입구로 말려들어가 고민일 때는 청소기의 헤드 부분에 낡은 스타킹을 씌우면 된다. 미세한 그물이 이불은 그대로 놔두고 먼지와 진드기만 빨아들인다.

노즐에 스타킹을 씌워 먼지만 흡입

자질구레한 물건들은 그대로 두고 청소기를 돌릴 수 있는 방법. 청소기 노즐 끝에 스타킹을 씌우고 고무줄로 고정하면 미세한 그물코 덕분에 연필꽂이 등에 쌓인 먼지만 빨아들일 수 있다.

화장지의 심을 끼워 흙이나 모래를 제거

현관이나 베란다처럼 직접 청소기를 대면 노즐이 더러워지는 곳을 청소할 때는 노즐에 화장지의 심을 끼워 청소한다. 이렇게 하면 빗자루질을 하는 것보다 빠르고 깨끗하다. 더러워진 심은 그대로 버리면 된다.

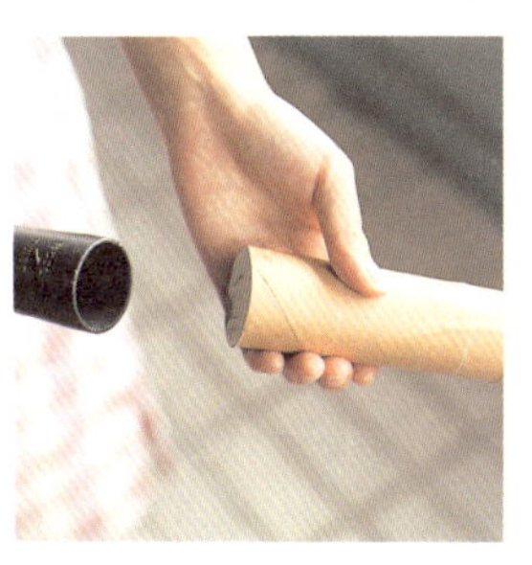

◀ 화장지의 심을 끼운 뒤 테이프(종이로 된 점착 테이프는 벗기면 자국이 남으므로 좋지 않다) 등으로 고정한다.

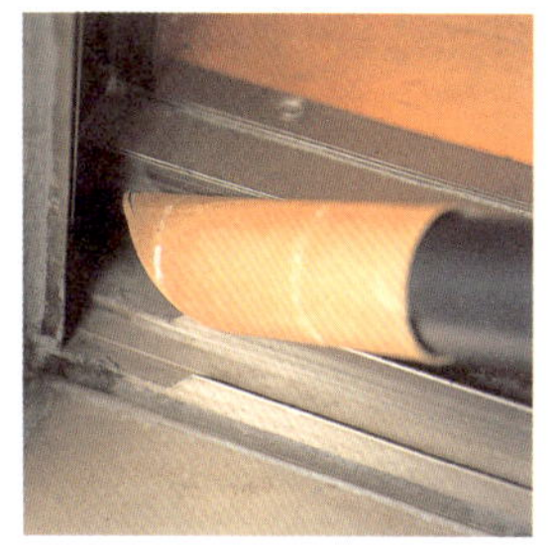

▶ 새시 구석처럼 좁은 곳을 청소할 때는 끝을 비스듬히 자른다. 재질이 종이라서 장소에 따라 자유자재로 모양을 바꿀 수 있다는 것도 장점.

▲ 골판지를 잘라서 접어 손잡이를 만든 다음 테이프로 테두리를 붙인다.

노즐에 칫솔을 묶어 새시를 청소

창문 새시의 레일을 청소할 때 노즐 끝에 칫솔을 부착하여 청소기를 돌리면 칫솔로 문지르면서 먼지를 빨아들이는 2가지 작업을 동시에 할 수 있다. 특히 젖은 먼지에 효과적이어서 화장실 새시나 가전의 통기구, 세탁기의 방수팬 등에 활용 가능하다.

▶ 고무줄이나 테이프로 칫솔을 고정하면 많은 힘을 들이지 않고 구멍이나 틈새기 등을 청소할 수 있다.

방충망 바깥은 골판지를 대고 청소

방충망을 청소할 때는 실내외의 먼지를 모두 제거해야 한다. 바깥쪽을 청소할 때는 골판지를 대고 청소기를 돌리면 먼지가 쉽게 제거된다. 2층의 방충망 청소도 이 방법을 이용하면 안전하다.

천연 왁스인 쌀뜨물로 바닥을 청소

오래전부터 피부 미용에 쌀겨를 이용해 온 것만 보아도 알 수 있듯이 쌀겨에 함유된 유분에는 광택을 내주는 왁스 효과가 있다. 쌀뜨물로 바닥을 닦으면 금세 반짝반짝 윤이 난다. 거울과 유리에도 효과적이다.

주방 바닥은 고무줄로 청소

주방 바닥에 고무줄을 20~30개 정도 뿌린 다음 손바닥으로 쓸어모으면 먼지가 고무줄에 감겨 나와 청소기가 닿지 않는 구석까지 깨끗하게 청소할 수 있다. 청소기의 소음이 신경 쓰이는 시간에 이 방법을 이용하면 효과적이다. 고무줄과 바닥의 마찰력을 이용한 방법이다.

양말 + 수건으로 걸으면서 바닥을 청소

낡은 수건과 양말을 겹쳐 꿰맨 다음 걸으면서 바닥을 청소한다. 이렇게 하면 주방 바닥에 튄 물기를 닦아 내는 데 좋다. 미끄러지듯이 걸으면 더욱 효과적이다. 먼지를 털어 낸 뒤 바로 세탁한다.

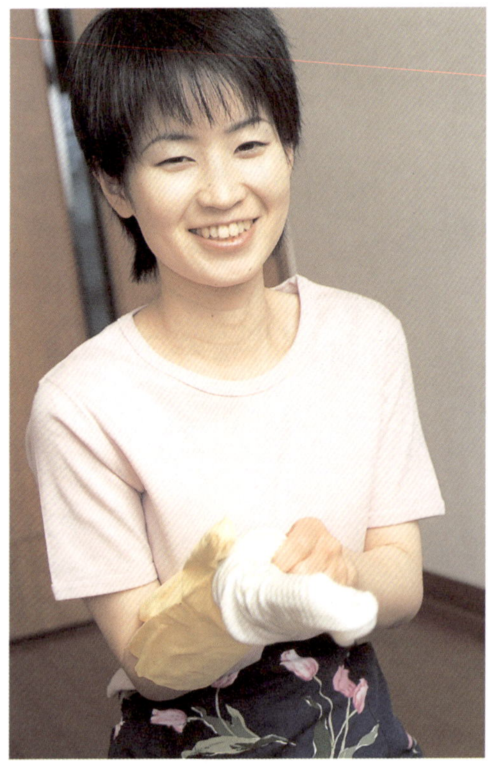

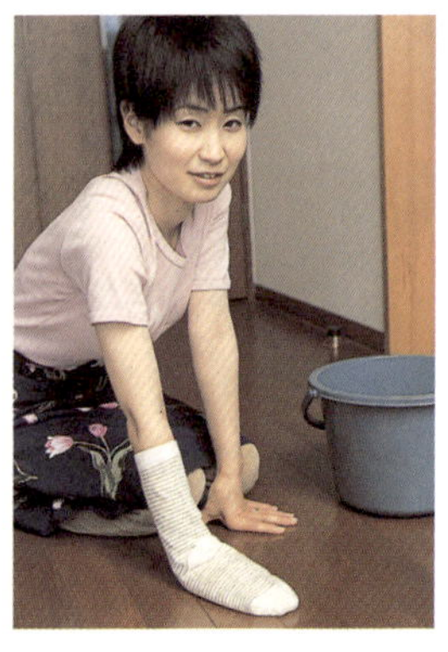

고무 장갑 위에 낡은 양말을 끼고 바닥을 청소

고무 장갑을 한 손에 끼고 낡은 양말 한 장을 겹쳐 낀 다음 손바닥으로 바닥을 닦는다. 더러워지면 양말을 돌려 닦고, 다시 뒤집어 닦는 식으로 총 4면을 모두 활용한다. 양말에 세제를 묻혀 닦아도 된다.

고무 장갑을 낀 손으로 카펫을 청소

고무 장갑을 낀 채 카펫 위를 쓰다듬으면 머리카락 등의 쓰레기가 감겨 나온다. 특히 털이 긴 카펫은 이렇게 하면 효율적이다. 이 방법을 자주 이용하면 청소기는 일주일에 1회만 돌려도 된다.

카펫에 탄산수소나트륨을 뿌려 냄새를 제거

밤에 잠들기 전에 카펫에 탄산수소나트륨을 골고루 뿌리고 다음 날 아침 일찍 청소기를 돌리면 카펫에서 나는 음식 찌꺼기와 애완동물 등의 냄새가 말끔히 사라진다. 탄산수소나트륨이 냄새를 흡착하기 때문이다. 2주에 1회 정도 실시한다.

먹다 남은 맥주로 바닥을 청소

먹다 남은 맥주가 있다면 걸레에 묻혀 바닥을 닦는다. 맥주의 알코올 성분이 때를 분해하는 작용을 하여 바닥이 깨끗해진다. 맥주 특유의 냄새는 금방 사라진다.

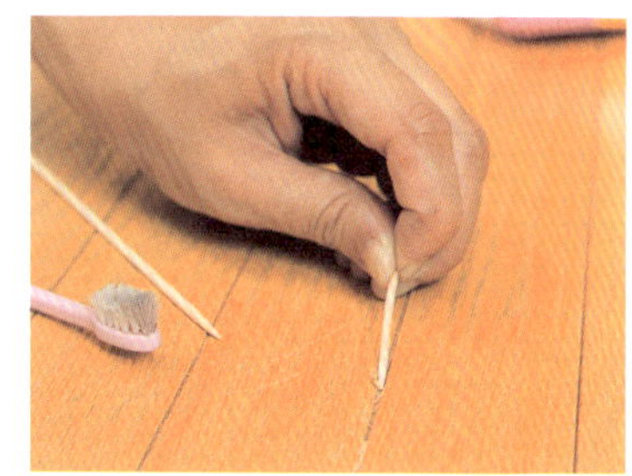

바닥의 홈은 이쑤시개로 청소

바닥재 사이의 가는 홈에 낀 먼지는 청소기를 돌려도 잘 제거되지 않는다. 하지만 이쑤시개 끝으로 긁어내면 놀랄 만큼 많은 양의 먼지가 나온다. 긁어낸 먼지는 청소기를 작동하여 치운다.

문틀에 낀 먼지는 고무줄을 이용하여 제거

미닫이 문틀의 홈에 쌓인 먼지는 고무줄을 이용하여 청소한다. 문틀에 고무줄을 2~3개 정도 놓은 다음 문을 몇 번 세게 열었다 닫으면 고무줄과 먼지가 함께 딸려 나온다.

식초 + 뜨거운 물로 변색을 방지

돗자리가 누렇게 변색되기 시작하면 식초를 몇 방울 떨어뜨린 뜨거운 물에 걸레를 담갔다가 꼭 짜서 닦으면 된다. 식초의 표백 효과로 햇빛에 의해 돗자리가 누렇게 변색되는 것을 막을 수 있다. 걸레가 뜨거우므로 고무장갑을 끼고 결을 따라 닦아야 한다. 마른 걸레로 마무리할 필요는 없다.

귤 껍질을 활용하여 돗자리의 때와 냄새를 제거

귤 껍질에 함유된 성분은 때와 냄새를 제거하는 작용을 한다. 말린 귤 껍질(4개분)을 찢어서 400㎖의 물에 15분간 끓여 식힌 다음 소쿠리에 건져낸다. 우러난 물을 분무기에 담아 돗자리에 뿌리고 걸레로 닦아 내면 된다. 이렇게 하면 돗자리가 누렇게 되는 것을 방지할 수 있다.

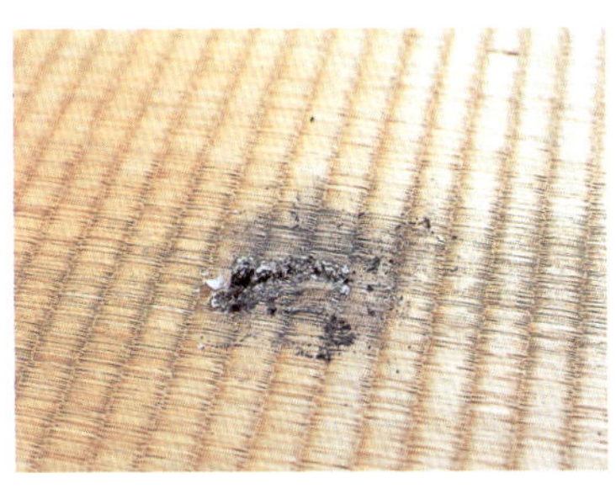

▼ 낡은 칫솔로 문지른다.

소금을 뿌리면 담뱃재가 돗자리 위로 나온다

재떨이를 엎는 바람에 담뱃재가 돗자리의 골 사이로 들어갔을 때는 소금을 이용한다. 담뱃재 위에 굵은 소금을 뿌리고 칫솔로 문지르면 재가 위로 딸려 나온다.

▲ 주먹으로 탕탕 쳐서 구석에 들어간 재까지 위쪽으로 나오게 한다.

▲ 위로 올라온 담뱃재와 소금은 청소기로 빨아 낸다.

차 찌꺼기를 뿌려 돗자리를 청소

돗자리를 빗자루로 쓸어 낼 때 차 찌꺼기를 이용하면 먼지도 일지 않고 가는 골 사이에 낀 먼지도 딸려 나온다. 냄새도 제거된다는 장점이 있다. 약간 축축한 차 찌꺼기를 사용하는 것이 포인트. 돗자리 전체에 차 찌꺼기를 뿌린 다음 결을 따라 빗자루로 쓸어 내면 된다.

차 찌꺼기가 청소기의 쓰레기 봉지까지 청소해 준다

차 찌꺼기를 돗자리에 뿌리고 청소기를 돌리면 돗자리뿐만 아니라 청소기도 깨끗해진다. 차에 함유된 카테킨이 탈취 · 살균 효과를 하여 청소기 속의 쓰레기 봉지까지 청소해 주기 때문이다.

세면대와 변기는 식초 물로 청소

물과 식초를 5 : 1의 비율로 섞어 분무기에 담은 뒤 세면대와 변기 등에 뿌린다. 이렇게 하면 곰팡이의 원인이 되는 물때가 끼지 않고 냄새도 사라진다.

수도꼭지는 낡은 스타킹으로 청소

낡은 스타킹을 물에 적셨다가 꼭 짜서 수도꼭지의 몸통을 감고 좌우로 잡아당기며 문지른다. 이렇게 하면 스펀지나 솔이 닿지 않는 부분까지 말끔하게 닦인다. 찌든 때는 치약을 묻혀 닦는다.

잡동사니는 욕조에 담가 한꺼번에 씻는다

대야나 의자, 장난감 등 화장실에서 사용하는 자질구레한 물건들은 다 쓰고 남은 물에 표백제를 넣고 반나절 정도 담가 두었다가 한꺼번에 청소한다. 가벼운 물때 정도는 문지르지 않아도 OK. 묵은 때도 건져내서 솔로 가볍게 문지르면 말끔하게 닦인다.

곰팡이는 낡은 나일론 타월로 제거

몸을 문지르는 나일론 타월은 곰팡이를 제거하는 데도 탁월한 효과를 발휘한다. 세제를 묻히지 않아도 세면대나 욕조, 벽면의 물때가 말끔하게 제거된다. 낡은 나일론 타월을 사방 15㎝ 정도로 잘라 비치해 둔다.

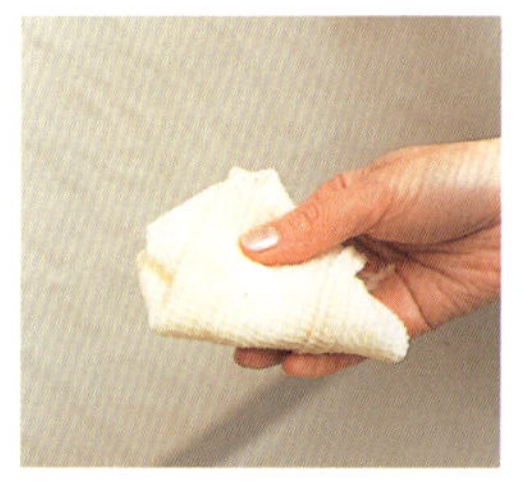

욕조의 물을 재활용할 때는 신문지를 이용하여 청소

한 번 몸을 담갔던 욕조의 물을 다른 가족이 다시 사용하려 할 때는 신문지를 펼쳐서 물 위에 띄웠다가 그대로 걷어 내면 머리카락과 때가 함께 딸려 나온다.

청주로 욕조 덮개의 물때를 제거

욕조 덮개의 찌든 물때나 곰팡이, 검은 얼룩 등을 청소하고 싶을 때는 청주를 물에 섞어 분무기에 담아 뿌리면 물때뿐만 아니라 냄새까지 제거된다. 홈 속에 핀 곰팡이는 붓으로 문지르면 된다. 작업 중에는 창문을 열어 둔다.

화장실 거울에 왁스를 발라 두면 흐려지지 않는다

화장실 거울이 금세 흐려져서 불편할 때는 전용 왁스를 발라 둔다. 스펀지로 왁스를 바르고 마른 걸레로 닦아 내면 된다. 거울에 흠집이 나지 않도록 자동차 전용 스펀지를 사용한다.

욕조 청소는 스타킹을 뭉쳐서

욕조를 청소할 때는 낡은 스타킹을 뭉쳐서 수세미 대신 사용하면 된다. 세제를 묻히지 않고 가볍게 문지르기만 해도 물때가 깨끗이 제거된다. 그물코가 미세하여 욕조에 흠집이 생기는 것도 방지할 수 있다.

세면대 배수구 청소는 화장지 심으로

세면대의 배수구를 청소할 때는 화장지의 심을 이용하면 크기가 딱 맞다. 한쪽에서 1/3 정도의 길이까지 비스듬히 3~4군데 칼집을 넣은 뒤 배수구에 넣고 빙글빙글 돌리기만 하면 찌든 때가 깨끗하게 제거된다.

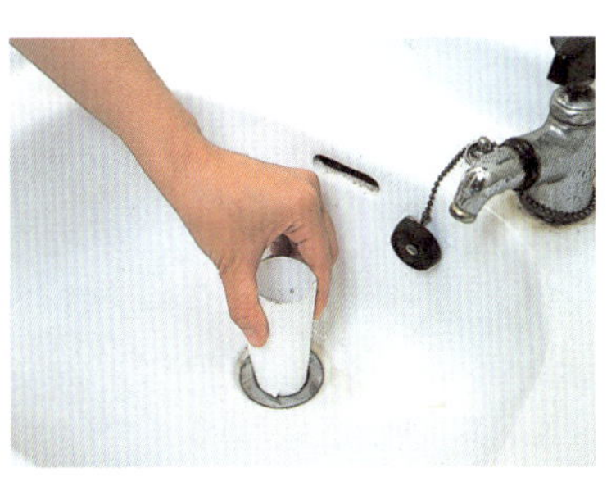

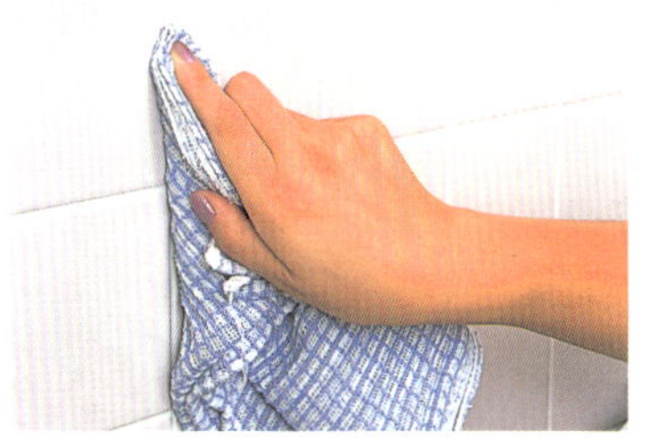

타일 틈새는 목욕 타월로 청소

낡은 목욕 타월을 버리기 전에 세정력을 살려 화장실의 타일 틈새를 닦는 데 사용한다. 목욕 타월을 손가락에 감고 문질러서 찌든 물때와 곰팡이 얼룩 등을 제거한다.

창문은 젖은 신문지로 닦는다

신문지를 물에 적셨다가 가볍게 짜서 창문을 닦으면 잉크에 함유된 유분이 때를 제거해 주어 창문이 깨끗해진다. 이렇게 한 뒤에 마른 신문지로 닦으면 반짝반짝 윤이 난다.

새시 홈은 물을 뿌리고 칫솔로 청소

새시 홈을 청소할 때는 먼지가 일어나지 않도록 분무기에 물을 담아 뿌린 다음 낡은 칫솔로 긁어내는 것이 좋다. 칫솔을 이용하면 손이 닿지 않는 구석의 먼지까지 제거할 수 있다.

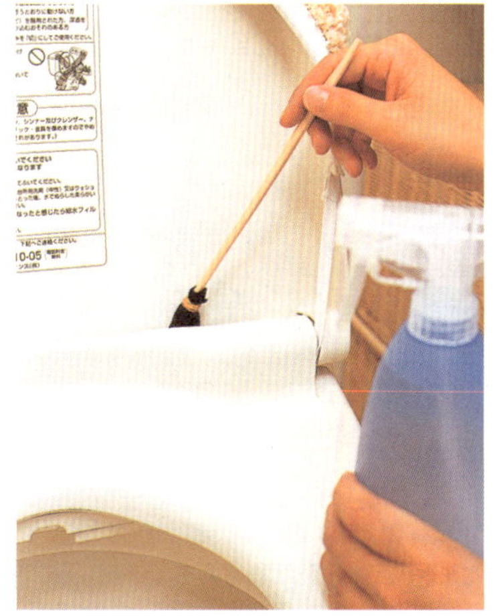

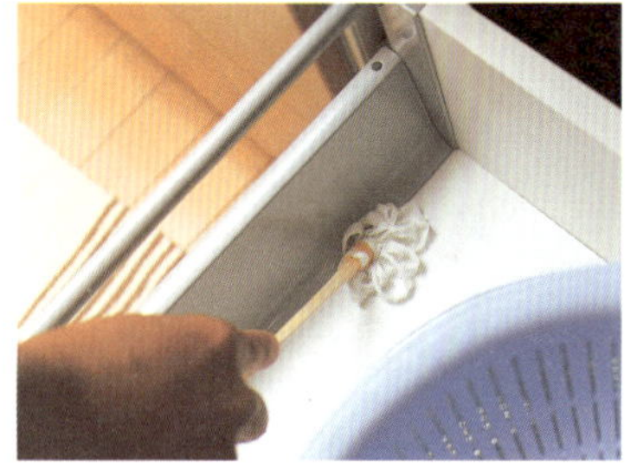

방충망 청소는 세탁망 2장으로

세탁망 2장을 뭉쳐서 물에 적신 다음 방충망을 양면에서 원을 그리듯이 닦으면 찌든 때까지 말끔히 제거된다. 망으로 망을 문지르는 것이 포인트. 벗겨진 때는 물과 함께 세탁망으로 빨려 들어간다.

화장실 청소는 나무젓가락 먼지떨이로

물로 씻어 낼 수 없을 만큼 좁은 장소는 나무젓가락으로 먼지떨이를 만들어 청소한다. 못쓰는 천을 한 번 접은 다음 한쪽에 5~6군데 정도 칼집을 넣어 젓가락에 끼워 고무줄로 고정하면 완성.

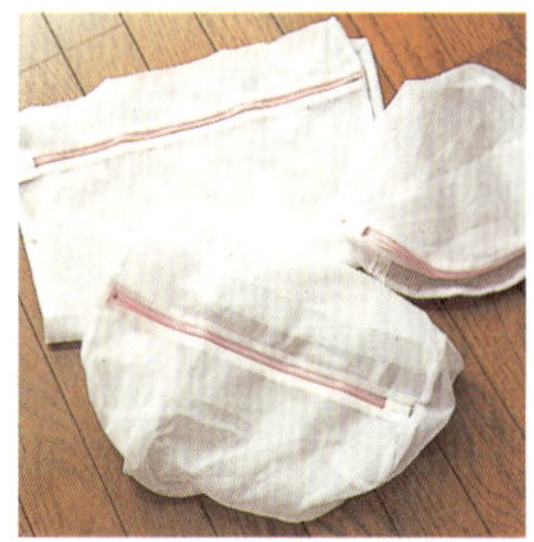

◀ 세탁망은 낡은 것을 사용해도 된다. 용도별로 모양이 다양한데, 어떤 것을 사용해도 무방하다.

▶ 지퍼를 안쪽으로 감싸듯이 접어 넣어 손바닥만 한 크기로 만든다. 입구 부분을 누르면서 쥐고 사용한다.

현관에 차 찌꺼기를 뿌려 두면 먼지가 나지 않는다

현관에 축축한 차 찌꺼기를 뿌린 다음 빗자루로 쓸어 내면 차 찌꺼기가 먼지와 쓰레기를 흡수하여 날리지도 않고 냄새도 사라진다. 신발장에 차 찌꺼기를 말려서 넣어 두면 탈취제 역할을 한다.

물에 적셔 잘게 찢은 신문지를 현관에 뿌린다

물에 적신 신문지를 잘게 찢어 현관 바닥에 뿌리고 신문지에 흙먼지와 쓰레기가 달라붙으면 빗자루로 쓸어 낸다. 이렇게 하면 마치 걸레로 닦은 것처럼 깨끗해진다. 돗자리와 바닥을 청소할 때도 응용할 수 있는 방법이다.

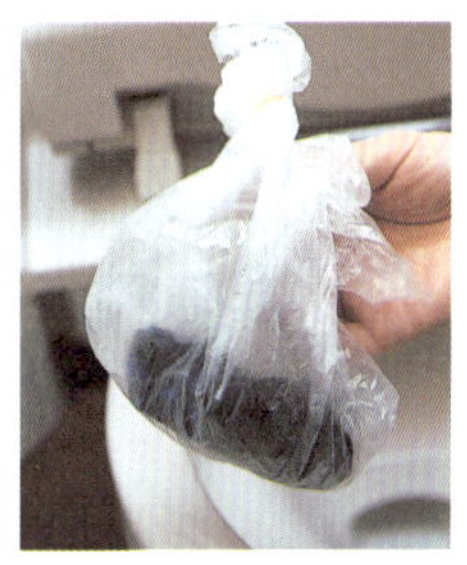

변기 청소에는 김 빠진 탄산 음료를 이용

김이 빠진 탄산 음료를 변기에 천천히 부으면 남은 발포 성분이 때를 불려 주어 쉽게 제거할 수 있다. 찌든 물때는 탄산 음료를 붓고 잠시 그대로 놓아두었다가 솔로 닦아 낸다.

변기 얼룩은 화장지 + 세제로 해결

힘을 주어 박박 문질러도 잘 지워지지 않는 변기의 검은 얼룩. 일단 변기의 물을 내리고 얼룩 부분에 화장지를 붙인 다음 위에서 세제를 부어 적신다. 잠시 방치했다가 솔로 문지르면 얼룩이 깨끗하게 제거된다.

변기 청소는 비닐 장갑을 끼고 세게 문지른다

변기의 찌든 때를 손으로 힘있게 문지르고 싶을 때는 비닐 장갑을 끼고 고무줄로 고정한 뒤 못 쓰는 천으로 작업하면 된다. 청소가 끝나면 비닐 장갑을 뒤집어 입구를 묶어서 버린다.

가루를 흘렸을 때는 점착 테이프로 제거

마루나 카펫에 밀가루나 설탕 등의 가루를 흘렸을 때 젖은 걸레로 닦으면 바닥이 끈적거린다. 청소기를 꺼내기가 번거로울 때는 점착 테이프로 제거하는 것이 가장 간편하다.

카펫에 묻은 껌은 얼음으로 제거

카펫이나 소파에 껌이 묻었을 때는 비닐 봉지에 얼음을 담아서 대고 있으면 껌이 딱딱해지면서 잘 떨어진다. 한 번에 떨어지지 않을 때는 낡은 칫솔로 문질러 제거한다.

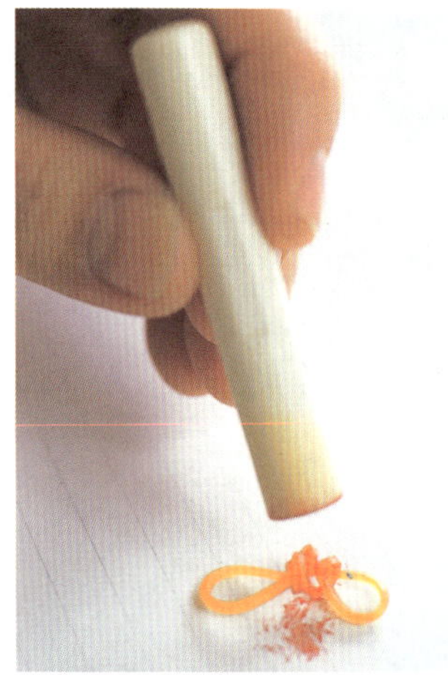

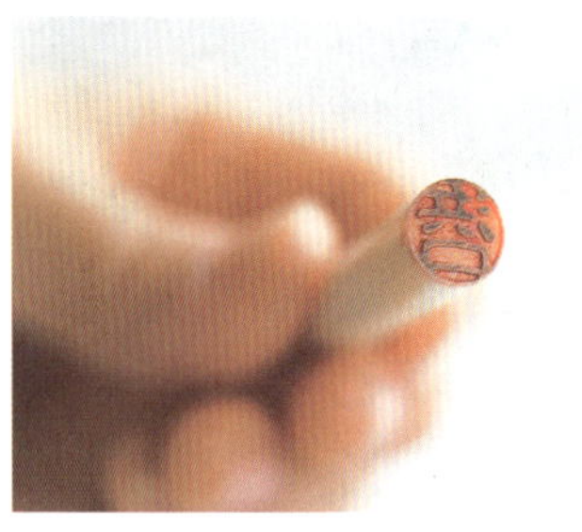

도장에 낀 인주는 제거 고무줄로

인주가 끼어 도장의 글씨가 선명하게 찍히지 않을 때는 고무줄을 활용한다. 매듭이 생기도록 묶은 고무줄을 종이 위에 놓고 도장을 누르면서 문지르면 홈에 쌓인 먼지까지 깨끗하게 닦인다.

계란을 떨어뜨렸을 때는 소금을 뿌린다

바닥에 날계란을 떨어뜨렸을 때는 그 위에 소금을 충분히 뿌리고 10분 정도 그대로 둔다. 끈적끈적한 흰자가 바닥에서 분리되면 빗자루로 쓸어 낸다.

스티커 자국은 지우개로 처리

지우개를 이용하면 스티커를 떼어 내고 남은 끈끈한 부분까지 말끔히 제거할 수 있다. 박박 문지르면 처음에는 끈끈한 부분이 넓어지는 것 같지만, 계속해서 문지르면 점착 성분이 지우개 찌꺼기와 함께 딸려 나와 깨끗해진다.

밀가루로 스티커를 완전히 제거

밀가루도 지우개와 같은 역할을 한다. 손가락에 약간의 밀가루를 묻혀 문지르면 점착 성분이 밀가루에 엉겨 붙어 점착력이 점점 약해진다. 마른 걸레로 마무리하면 된다.

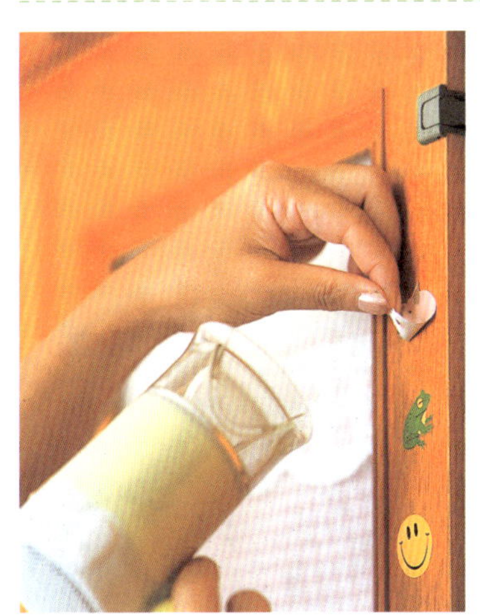

스티커 제거는 드라이어의 따뜻한 바람으로

벽이나 가구에 덕지덕지 붙어 있는 스티커는 억지로 벗기려 해도 쉽게 제거되지 않는다. 이때는 가장자리를 손톱으로 약간 떼어 내고 접착면에 드라이어의 따뜻한 바람을 쐰 뒤 잡아당겨 벗긴다.

식초로 스티커를 제거

오랫동안 붙어 있어서 떼어 내기 어려운 스티커는 식초를 이용한다. 식초를 뿌려 10~15분간 놓아두면 식초가 서서히 침투하여 점착 부분을 녹여 준다.

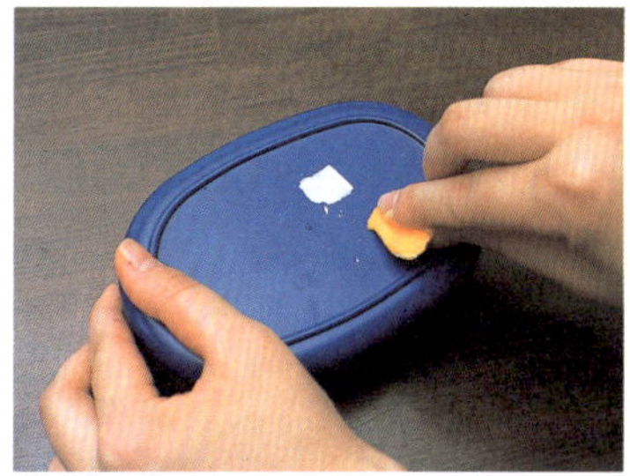

귤 껍질로 스티커를 제거

기름때를 제거하는 데 사용한 귤 껍질로 스티커를 떼어 낼 수도 있다. 식기나 밀폐 용기 등에 붙어 있는 가격 표시 스티커도 귤 껍질의 흰 부분으로 문지르면 간단히 벗겨진다. 식품이므로 조리 도구에도 안심하고 활용할 수 있다.

가전 제품 청소 아이디어

CLEANING

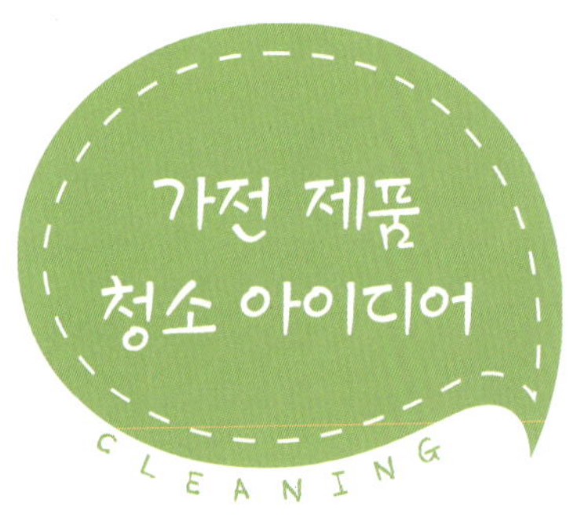

리모컨 청소는 고무줄을 이용

먼지가 잘 쌓이는 데다 청소하기도 까다로운 리모컨의 단추 사이. 매듭이 생기도록 묶은 고무줄을 리모컨 위에 올려놓고 굴리면 좁은 틈새에 낀 먼지까지 깨끗하게 제거할 수 있다.

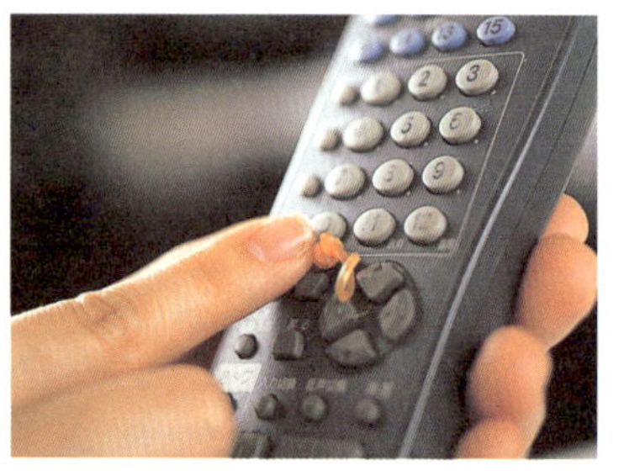

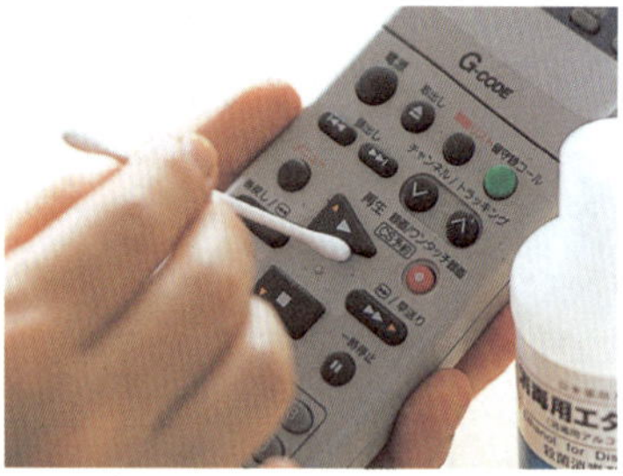

면봉에 에탄올을 묻혀 리모컨을 청소

가족들이 매일 만져 쉽게 손때가 타는 리모컨. 전자 기기는 물로 청소하면 안 되므로 면봉에 소독용 에탄올을 묻혀 닦으면 된다. 이렇게 하면 손때가 금세 말끔하게 닦인다.

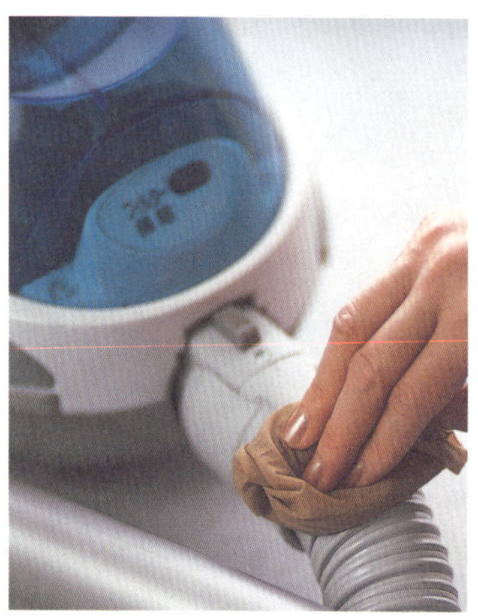

가전 제품에 달라붙은 먼지는 스타킹으로 제거

정전기가 발생하는 가전 제품 청소에는 먼지가 잘 달라붙으므로 먼지를 흡착하는 성질이 있는 스타킹을 이용하는 것이 좋다. 청소기의 호스처럼 닦기 어려운 부분도 스타킹을 이용하면 손쉽게 청소할 수 있다.

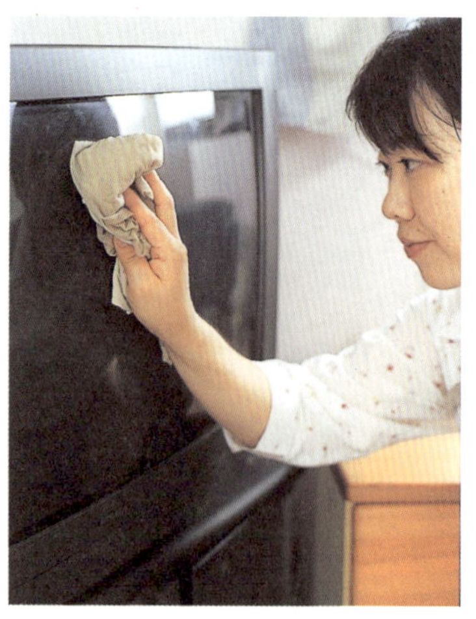

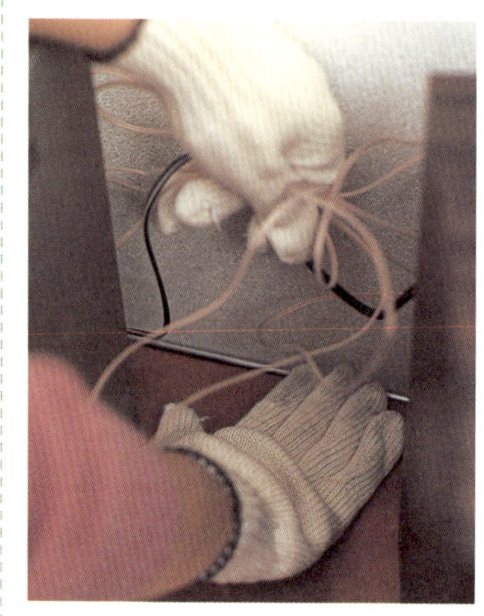

가전 제품의 코드를 닦을 때는 목장갑을 착용

가전 제품의 코드처럼 먼지가 쌓이기 쉬운 부분을 청소할 때는 양손에 목장갑을 끼고 닦는다. 더러워지면 장갑을 뒤집어서 닦으면 된다.

TV 브라운관은 스타킹으로 닦는다

TV 브라운관을 청소할 때도 화학 섬유의 정전기를 이용한다. 올이 나간 스타킹으로 가볍게 닦아내면 먼지가 제거되어 화면이 훨씬 선명하게 보인다. 스타킹을 조그맣게 잘라 두었다가 한번 쓰고 버리면 된다.

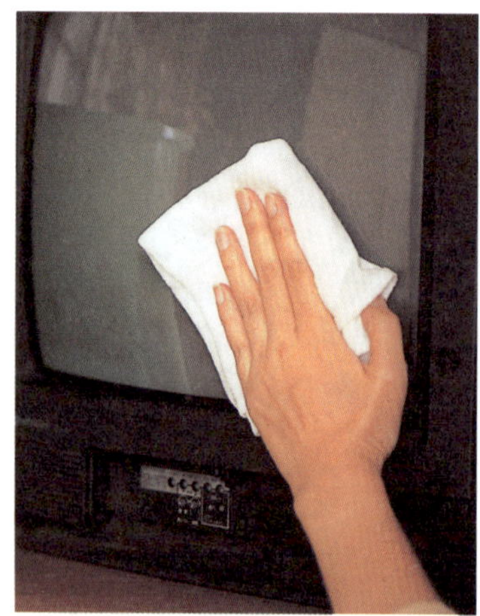

린스 희석액으로 먼지와 정전기를 방지

TV나 비디오 등의 가전 제품은 마른 걸레로만 닦으면 금세 먼지가 달라붙는다. 물에 린스를 몇 방울 떨어뜨린 희석액에 담갔다가 짜서 마른 천으로 닦으면 정전기가 방지되고 먼지도 끼지 않는다.

PART 6 | 세탁

WASHING

더러운 세탁물이 눈처럼 하얗게 변할 때 주부는 기쁨을 느낀다. 더욱 깨끗하

게 세탁하고 효율적으로 말릴 수 있는 방법, 옷을 오래 입을 수 있는 손질 방

법 등 바로 실행에 옮길 수 있는 아이디어가 가득하다.

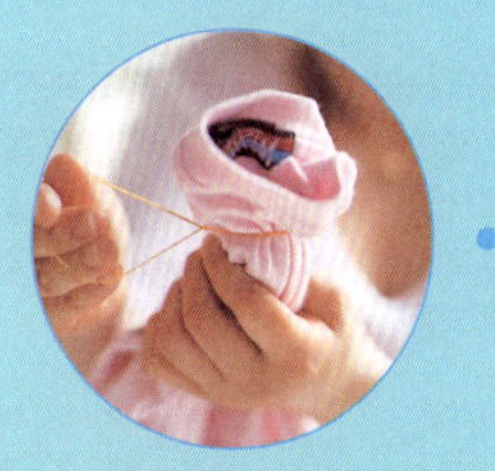  

세탁물 손질하기

WASHING

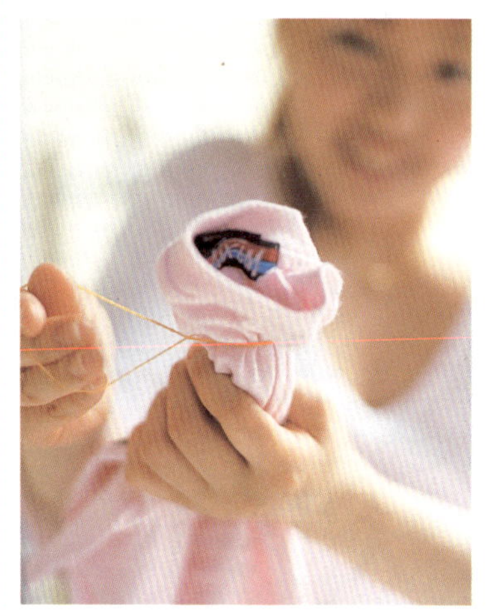

티셔츠의 목 부분은 고무줄로 감아 세탁

자주 세탁하는 티셔츠는 목 부분을 오므려 고무줄로 감은 다음 세탁기에 넣는다. 이렇게 하면 목 부분이 비틀리거나 늘어나는 것을 방지할 수 있다. 특히 세탁 횟수가 많은 아이의 티셔츠를 흠집 없이 오래 입을 수 있다.

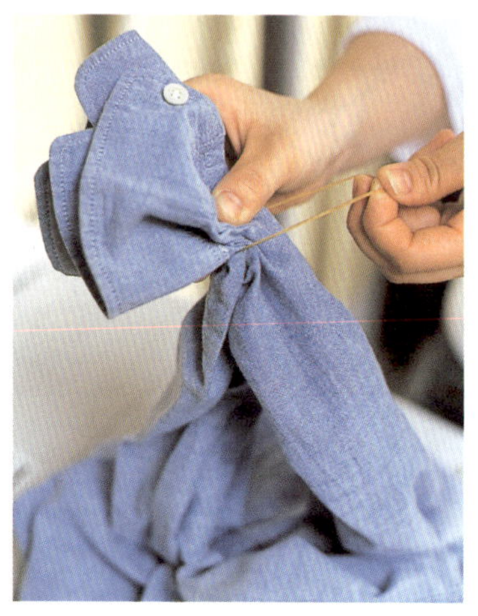

소매를 고무줄로 묶어 두면 주름이 줄어든다

셔츠의 소매는 세탁기 속에서 서로 엉키면서 주름이 지기 쉽다. 이때는 소매 2개를 모아서 고무줄로 묶어 두면 다른 의류와 엉키지 않아 주름이 생기는 것을 막을 수 있다. 고무줄은 2회 정도 감으면 된다.

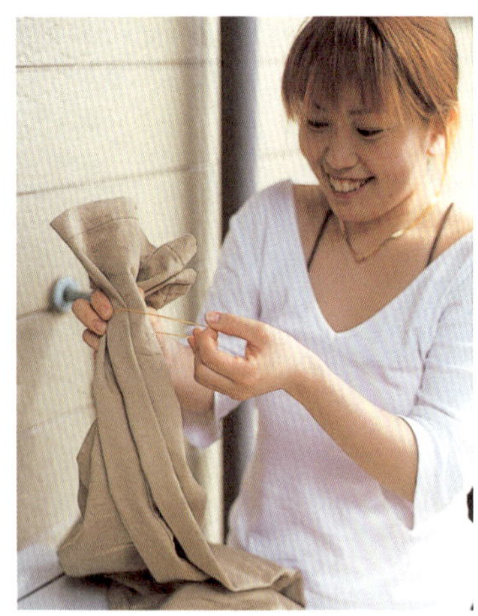

바짓단을 고무줄로 묶어 두면 주름이 지지 않는다

바짓단 2개를 모아서 고무줄로 감은 뒤에 세탁기에 넣는다. 이렇게 하면 세탁물의 부피가 줄어들고 의류끼리 엉키지 않아 주름이 잘 지지 않기 때문에 다림질 시간도 단축할 수 있다. 세탁 전의 작은 손질이 이처럼 큰 차이를 만들어 낸다.

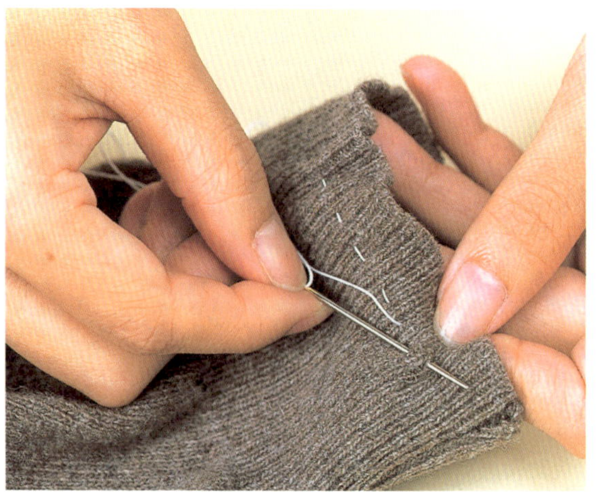

▼30초 정도 다림질을 한 뒤 열기가 식을 때까지 기다렸다가 실을 뺀다.

스웨터의 늘어난 소맷부리는 홈질 + 다림질로 처리

헐렁하게 늘어나기 쉬운 스웨터의 소맷부리. 울 스웨터는 소맷부리에서 1~2㎝ 되는 곳을 홈질한 다음 실을 잡아당겨 세탁하면 된다. 이것을 말려서 다림질을 하고 실을 빼면 늘어났던 소맷부리가 원래 상태로 되돌아온다.

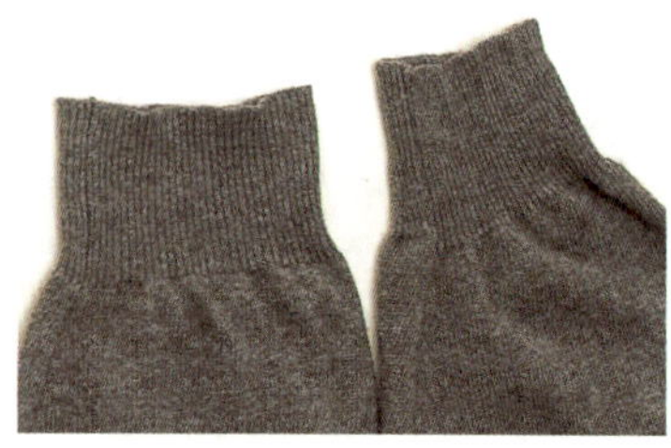

소매를 옷 안쪽으로 집어넣는다

사진처럼 소매를 옷 안쪽에 집어넣은 뒤에 세탁기에 넣으면 소매가 엉키지 않아 주름이 잘 생기지 않는다. 또한 세탁 후 서로 엉켜 있는 빨래를 분리할 필요가 없어 편리하다.

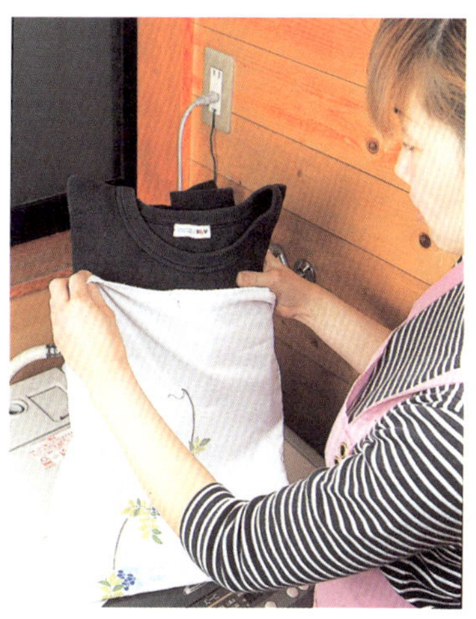

검은 옷은 세탁 주머니에 넣으면 실밥이 묻어 나지 않는다

검은색 의류를 무명 수건으로 만든 주머니에 넣어 세탁하면 천의 결이 고와 옷에 실밥이 묻어 나지 않는다. 무명 수건을 반으로 접고 양쪽 끝을 꿰매어 주머니를 만든 다음 의류를 넣고 고무줄로 입구를 감아 묶으면 된다.

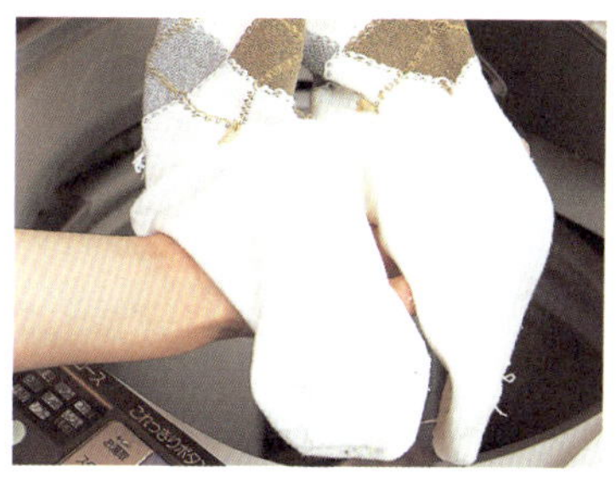

양말을 뒤집어서 빨면 보풀이 생기지 않는다

나일론 양말을 세탁기에 빨면 보풀이 생기기 쉬운데, 보풀을 방지하려면 양말을 뒤집어서 세탁하는 것이 가장 좋다. 타이츠 등 다른 종류의 양말도 이렇게 하면 보풀이 생기는 것을 막을 수 있다.

양말에 구슬을 넣어 세탁하면 찌든 때가 잘 빠진다

세탁기로 빨아서는 좀처럼 사라지지 않는 양말의 찌든 때. 이때는 양말에 구슬 5~6개 정도를 넣어 세탁하면 때가 깨끗이 빠진다. 세탁망에 양말과 구슬 10개 정도를 함께 넣고 세탁해도 OK.

소맷부리의 단추를 이용하여 주름을 방지

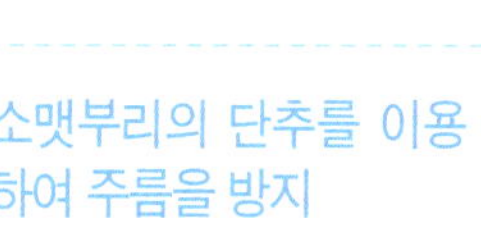

셔츠를 세탁할 때는 소맷부리의 단추를 앞길의 단춧구멍에 넣어 고정하고 앞길의 단추를 모두 잠근다. 소매가 엉키지 않아 주름이 잘 생기지 않기 때문에 다림질 시간이 줄어든다.

작아진 비누를 양말 속에 넣어 세탁

손가락 한 마디 정도로 작아진 비누를 양말 속에 넣어 세탁하는 것도 방법. 발끝 부분을 집중적으로 세탁하고 싶을 때는 발끝에, 전체적인 세탁을 원할 때는 양말의 목 부분을 고무줄로 묶은 다음 세탁기에 넣는다.

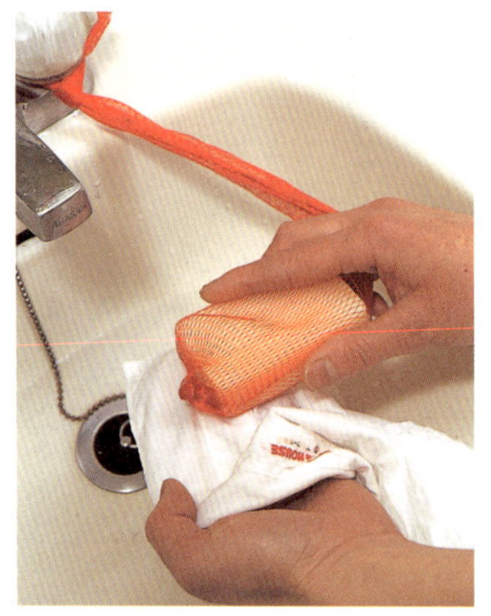

비누에 야채망을 씌워 옷깃을 문지른다

와이셔츠의 깃이나 소맷부리를 애벌 빨래할 때는 비누에 야채망을 씌워 문지른다. 이렇게 하면 비누를 묻히고 문질러 빠는 일이 동시에 이루어져 효율적이다. 솔을 사용하는 것보다 간단하고, 때가 깨끗하게 빠진다.

양말은 식초 물에 하룻밤 담가 둔다

살균 · 탈취 · 표백 효과가 있는 식초를 물에 희석하여 통에 담은 다음 세탁할 양말을 하룻밤 정도 담가 두었다가 다음날 아침 세탁기에 돌리면 흰 양말이 더욱 새하얘진다. 식초 물은 세탁기를 닦거나 화장실을 청소할 때 재활용할 수 있다.

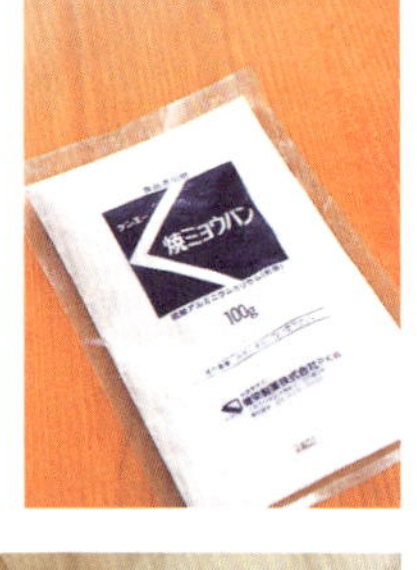

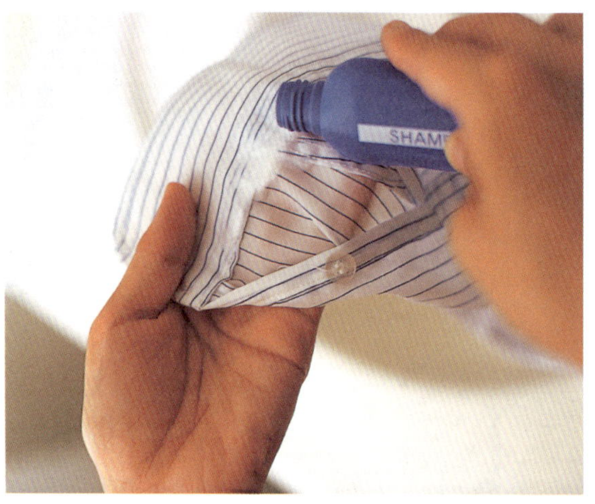

백반을 물에 풀어 살균과 탈취 효과를 높인다

약국에서 판매하는 백반은 살균력이 강하고 탈취 효과도 있다. 물 2ℓ에 백반 40g 정도를 넣어 녹인 다음 헹굴 때 50㎖를 넣으면 된다.

샴푸 샘플로 깃과 소매를 부분 세탁

화장품 가게나 쇼핑몰에서 물건을 살 때 무료로 주는 샴푸 샘플을 부분 세탁에 활용한다. 원래 두피의 피지를 제거하는 것이기 때문에 깃이나 소매, 양말 등의 찌든 때에도 탁월한 효과를 발휘한다. 세정력이 강해서 적은 양만 묻혀서 솔 등으로 가볍게 문지른다.

물이 담긴 페트병을 세탁기에 넣는다

500㎖들이 페트병에 물을 담아 세탁기에 넣으면 물이 역류하여 세탁물의 때가 더욱 쉽게 빠진다. 포인트는 페트병에 물을 약 2/3 정도 담아 병의 바닥 면이 위로 보이게 수면으로 뜨게 하는 것.

고무공을 넣으면 빨래가 엉키지 않고 때도 잘 빠진다

탈수 후 세탁물이 서로 심하게 엉켜 있는 경우가 많은데, 이때는 아이가 갖고 노는 고무공을 3~4개 집어넣어 빨면 옷이 엉키지 않아 주름이 잘 생기지 않고 때도 잘 빠진다. 그야말로 일석삼조.

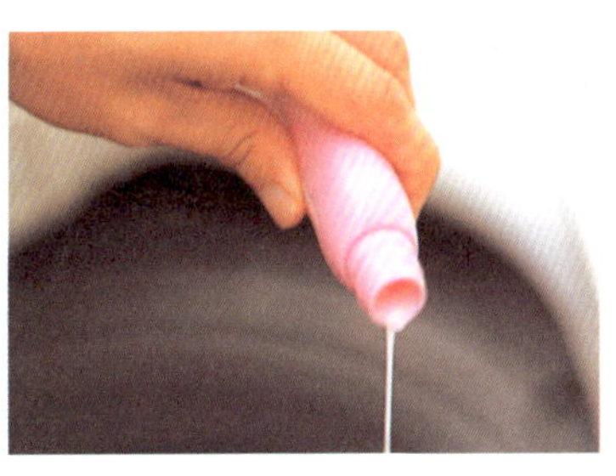

헤어 린스로 세탁을 마무리

화장품 가게나 쇼핑몰에서 샘플로 받은 린스를 섬유 유연제 대신 사용할 수 있다. 섬유에 보풀이 일지 않고 감촉이 부드러워지며 향기도 좋다. 머리에 한 번 사용하는 양을 기준으로 조절한다.

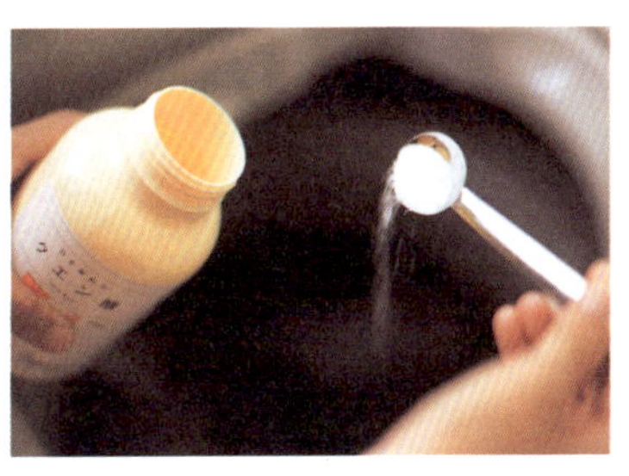

섬유 유연제 대신 구연산을 넣는다

피부가 예민하고 약해서 섬유 유연제에 알레르기 반응을 보이는 사람도 구연산을 이용하면 안심하고 사용할 수 있다(약국 등에서 판매). 마지막 헹구는 물에 구연산을 2~3큰술 정도 넣으면 산이 세제의 알칼리 성분을 중화시켜 섬유가 부드러워진다.

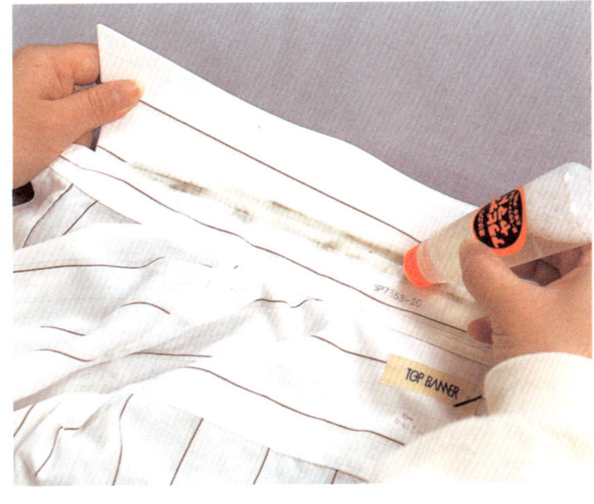

액체 풀의 빈 용기를 활용하여 때를 제거

윗부분이 스펀지 타입으로 되어 있는 풀을 고르는 것이 포인트. 빈 용기를 잘 씻어 액체 세제를 넣고 스펀지 부분으로 옷깃이나 소맷부리를 문지르면 때 속에 세제가 침투하여 때가 말끔히 빠진다. 빈 용기를 여러 개 준비하여 다른 종류의 세제를 넣고 사용하면 편리하다.

새 옷은 소금으로 애벌 빨래하면 색상이 변하지 않는다

새 옷을 세탁할 때는 색깔을 선명하게 해 주는 소금으로 애벌 빨래하는 것이 좋다. 먼저 옷을 물에 적신 뒤에 굵은 소금을 한 줌 뿌려 문질러 헹군다. 그런 다음 세제로 빨면 색이 변하지 않는다. 목면 티셔츠의 경우 세제에 소금을 섞어 빨아도 효과적이다.

새 스타킹은 식초 물에 담가 둔다

새 스타킹은 살균과 표백 효과가 있는 식초를 이용해 질기게 만들 수 있다. 새 스타킹을 신기 전에 식초 물에 담가 두면 올이 잘 나가지 않는다.

땀 냄새는 물을 뿌려 해결

양복에서 땀 냄새가 날 때는 양복을 뒤집어 분무기로 물을 뿌려 하룻밤 정도 방치한다. 냄새 성분이 물에 녹아 수분의 증발과 함께 사라진다.

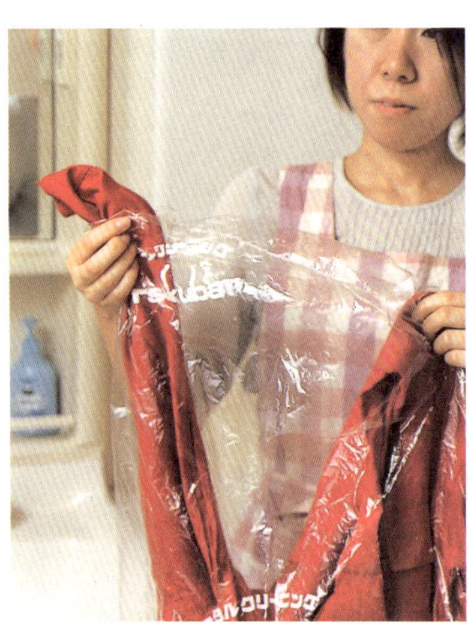

세탁소에서 가져온 양복 커버를 부분 세탁에 이용

옷을 부분 세탁하고 싶을 때는 세탁소에서 가져온 양복 커버를 이용한다. 옷걸이를 거는 목 부분으로 더러워진 부분만 빼내어 세탁한다. 다른 부분은 비닐에 덮여 있기 때문에 젖지 않는다.

부피가 작은 것을 표백할 때는 빈 병을 이용

뚜껑이 있는 빈 병에 미지근한 물을 70% 정도 채우고 적당량의 표백제를 넣은 뒤 그 속에 표백할 것을 넣고 30분 정도 담가 둔다. 그런 다음 뚜껑을 덮고 1분간 흔들면 된다. 마지막으로 표백제를 버리고 새 물을 넣어 다시 흔드는데, 이 과정을 4~5회 반복하면 따로 헹굴 필요가 없다.

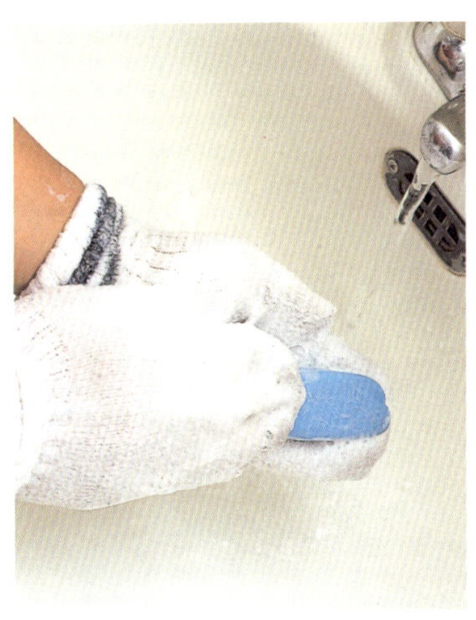

찌든 때는 손에 양말을 끼고 제거

세탁기에 돌려도 잘 빠지지 않는 양말의 찌든 때는 양말을 장갑처럼 손에 끼고 빨면 된다. 이때는 손바닥 쪽에 더러운 부분이 오도록 끼어야 한다. 손가락이 골고루 닿는 데다 적당한 힘이 가해져 때가 쉽게 빠진다.

간장 얼룩은 시금치 데친 물로 제거

간장이나 음식물이 떨어져 생긴 수성 얼룩은 시금치 데친 물을 식혀서 적신 뒤 마른 걸레로 위아래 양면을 두들기면 된다. 그런 다음 물기를 꼭 짠 걸레로 닦아 내면 얼룩이 깨끗하게 빠진다.

먹물이 묻었을 때는 전분 풀을 이용

먹물이 묻었을 때는 즉시 전분 풀을 바른 뒤 손가락으로 문지른다. 먹물이 분리되면 물로 풀을 씻어 내면서 계속 문지르다가 세제로 빤다. 이렇게 하면 얼룩이 말끔하게 빠진다. 액체 풀도 같은 효과가 있다.

음식 얼룩은 주방용 세제로 제거

미트 소스 등의 둥근 기름 얼룩은 주방용 세제로 제거하는 것이 가장 효과적이다. 얼룩에 직접 뿌린 뒤 주변부터 낡은 칫솔로 탁탁 두드리다가 얼룩이 빠지면 잘 헹궈 낸다.

시금치 데친 물로 검은색 의류의 변색을 방지

시금치 데친 물을 버리지 말고 세탁에 활용한다. 변색되기 쉬운 검은색 의류는 세탁 후 식혀 놓은 시금치 데친 물에 10분 정도 담가 두었다가 물을 꼭 짜서 말리면 검은색이 선명하게 되살아난다.

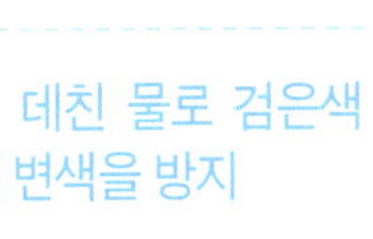

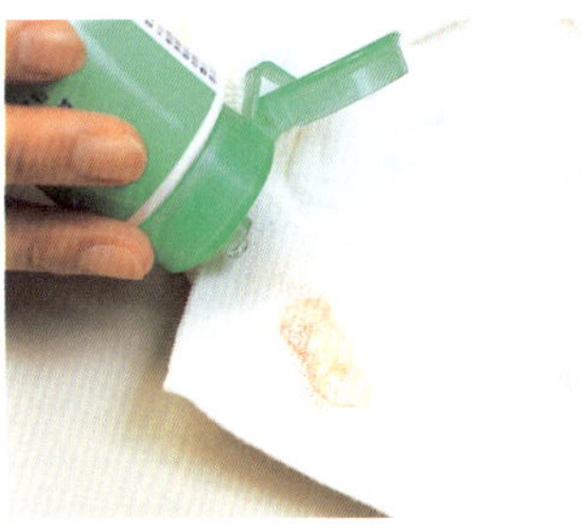

화장품 자국은 클렌징 젤로 제거

양복에 묻은 립스틱이나 파운데이션 자국은 클렌징 젤로 제거한다. 얼룩 부분에 젤을 묻히고 낡은 칫솔로 문질러 어느 정도 얼룩이 분리되면 세탁기에 넣는다.

철사 옷걸이 활용하기

세탁소에서 옷을 찾아올 때마다 하나씩 늘어나는 철사 옷걸이. 이 편리한 물건을 구부리고 겹쳐서 다양한 방법으로 활용하면 세탁과 건조 과정이 더욱 빨라지고 완벽해진다.

옷걸이의 양끝을 구부리면 빨래가 빨리 마른다

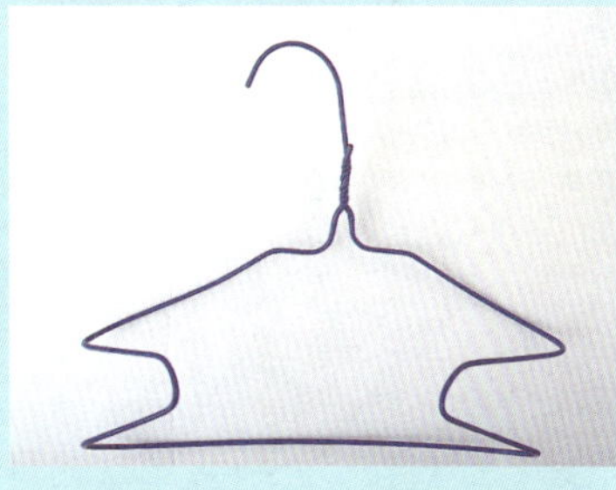

양쪽 끝 1/3 지점을 가운데 쪽으로 구부리면 옷걸이가 입체적인 모양이 되어 빨래의 앞길과 뒷길이 서로 붙지 않는다. 옷 속으로도 바람이 잘 통하여 마르는 시간이 훨씬 줄어든다. 흐린 날에 활용해도 좋고, 실내에 걸어 놓아도 옷이 빨리 마른다.

옷걸이를 살짝 안으로 구부리면 바람이 잘 통한다

옷걸이의 양끝을 잡고 둥그렇게 살짝 구부려 사용하면 바람이 잘 통하여 두꺼운 의류도 평소보다 빨리 말릴 수 있다. 흐린 날이나 실내에서 빨래를 말릴 때 안심하고 사용할 수 있는 방법.

페트병 옷걸이로 두꺼운 옷을 빨리 말린다

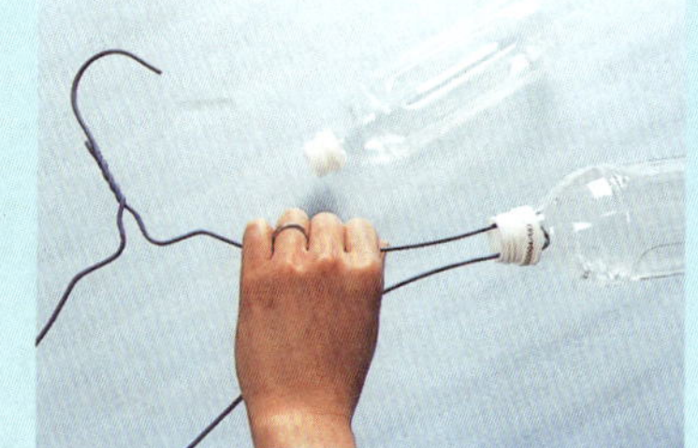

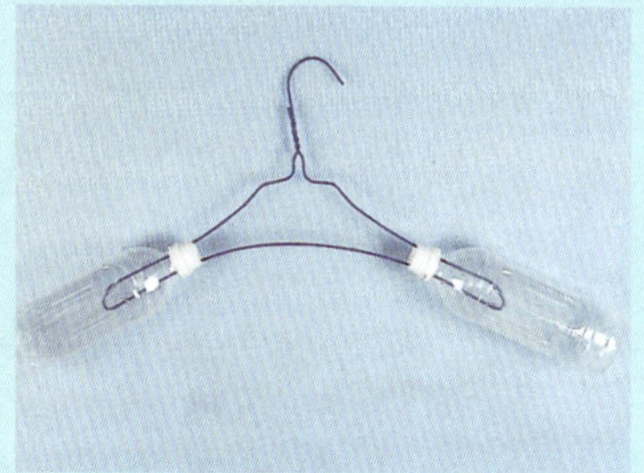

옷걸이의 양끝을 오므려 500㎖들이 페트병을 끼워 넣는다. 페트병의 부피감 때문에 겨드랑이와 앞길, 뒷길이 펼쳐져 빨래가 훨씬 빨리 마른다. 스웨터나 티셔츠의 어깨 부분에 옷걸이 자국이 남지 않아 모양이 잘 유지된다.

십자형 옷걸이로 청바지를 말린다

옷걸이를 겹쳐 윗부분을 점착 테이프로 붙여서 십자형 옷걸이를 만들어 청바지의 허리 부분에 넣고 빨래 집게로 고정한다. 이렇게 하면 청바지의 허리 부분이 벌려져 안쪽으로도 바람이 잘 통한다.

바람이 강한 날은 옷걸이에 고무줄을 감아 둔다

옷걸이의 맨 윗부분에 고무줄을 감아 두면 고무가 미끄럼 방지턱 역할을 해 주어 바람이 강한 날에도 세탁물이 떨어질 염려가 없다.

신발은 옷걸이에 꽂아서 말린다

옷걸이의 양끝을 위쪽으로 구부려 신발을 꽂아서 말린다. 공간을 많이 차지하지 않으며, 햇빛이 잘 들고 바람이 잘 통하는 곳에 걸어 말리면 된다.

이불은 텐트 모양으로 펼쳐서 말린다

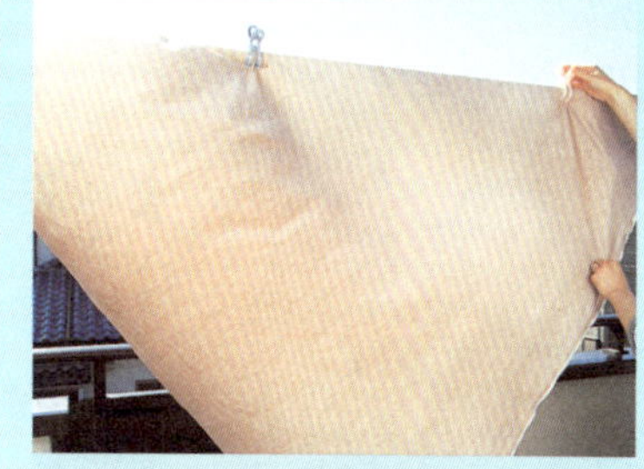

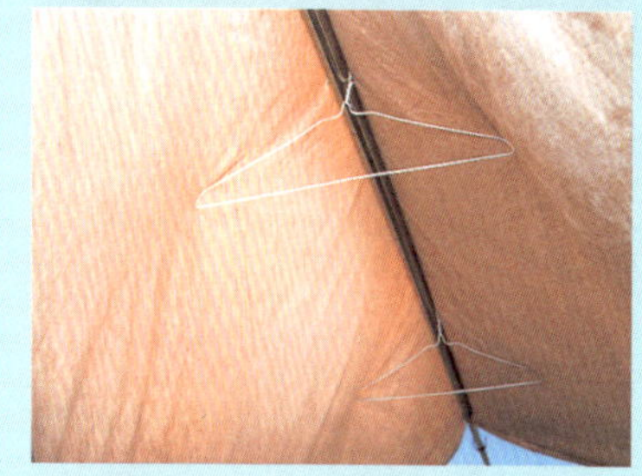

건조대에 철사 옷걸이를 2~3개 건 다음 그 위에 세탁물을 텐트처럼 씌워 말리면 안쪽으로도 바람이 잘 통하여 빨래가 빨리 마른다. 침대 시트나 이불 등을 말릴 때 활용하면 좋은 방법.

긴 것과 짧은 것을 번갈아 넌다

사각형 옷걸이나 빨래 건조대에 세탁물을 널 때는 바지처럼 긴 것과 작은 타월처럼 짧은 것을 교대로 넌다. 이렇게 하면 햇빛과 바람이 골고루 미쳐 같은 속도로 빨리 말릴 수 있다.

두꺼운 것과 얇은 것, 어른과 아이 옷을 교대로 넌다

천의 두께를 고려하여 너는 것도 중요하다. 두꺼운 의류끼리만 널면 빨리 마르지 않는다. 그러나 두꺼운 것과 얇은 것, 아이와 어른 옷을 교대로 널면 바람이 잘 통해서 빨리 마른다.

이동식 옷걸이는 바깥쪽에 작은 것, 안쪽에 큰 것을 넌다

이동식 옷걸이를 이용할 때 타월처럼 큰 빨래를 바깥쪽에 널면 안쪽으로 바람이 잘 통하지 않는다. 큰 빨래는 안쪽에, 아이 양말 등의 작은 빨래는 바깥쪽에 널어야 빨리 마른다.

발끝을 잘라 낸 양말로 건조대를 청소

낡은 양말의 발끝 부분을 잘라 건조대 전용 걸레를 만든다. 봉에 양말을 끼워 몇 번 왔다갔다 하면 먼지가 말끔하게 닦인다. 봉에 끼워 두면 여러 번 사용할 수 있고, 비에 젖어도 자연 건조되므로 편리하다. 더러워지면 버리고 새 것을 끼워 놓는다.

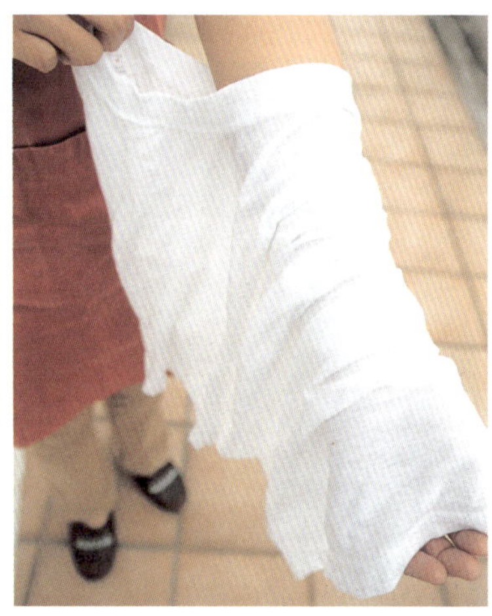

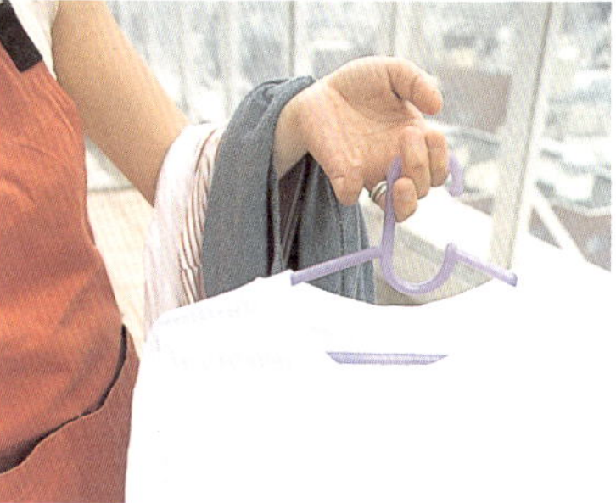

◀ 목 부분에서 아랫단 쪽으로 팔을 끼워 넣은 다음 손에 옷걸이를 쥐고 잡아당기면 된다. 평소보다 빨래를 너는 시간이 절반으로 줄어든다.

세탁물에 한쪽 팔을 끼워 넣고 옷걸이에 차례차례 건다

한쪽 팔에 세탁물을 여러 장 걸어 놓고 같은 손에 쥔 옷걸이에 차례차례 걸어나가면 빨래를 너는 시간을 크게 줄일 수 있다. 세탁물의 목 부분으로 팔을 끼워 넣는 것이 포인트. 5~6장 정도면 한 번에 걸 수 있다. 허리를 구부렸다 펴는 동작을 반복할 필요가 없어 체력 소모가 적다.

이불 시트는 펼쳐서 널면 빨리 마른다

이불 시트는 빨랫줄(봉)을 2개 사용하여 펼쳐 널면 실내에서도 빨리 마른다. 빨랫줄이 1개일 때는 옷걸이를 여러 개 걸어 놓고 그 위에 널면 된다.

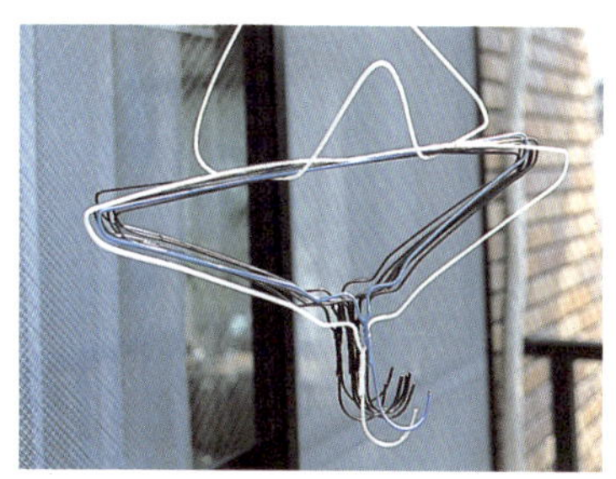

옷걸이로 만드는 옷걸이 걸이

철사 옷걸이의 아랫부분을 밑으로 잡아당겨 늘인 다음 그것을 중심 부근에서 45° 정도 위쪽으로 구부리면 옷걸이 걸이가 완성된다. 여기에 옷걸이를 모아서 걸어 놓는다.

빨래 집게는 둥근 옷걸이에 모아 둔다

철사 옷걸이의 아랫부분을 밑으로 잡아당겨 둥그렇게 늘인 다음 빨래 집게를 집어 두면 빨래를 널 때 편리하게 사용할 수 있다.

탈수 후 바로 꺼내서 탈탈 턴다

탈수 과정에서 주름이 잡힌 세탁물은 널기 전에
탈탈 터는 것이 기본이다. 한 장씩 펼쳐서 아래
위로 털고, 재봉선을 잡아당겨 모양을 잡아 말리
면 대부분의 주름이 없어진다. 탈수한 즉시 꺼내
서 터는 것이 좋다.

말릴 때는 손바닥으로 두들긴다

세탁물을 널 때 양손바닥으로 천을 탁탁 두들기
면 주름이 대부분 사라진다. 셔츠는 적당한 크기
로 개서 전체적으로 두들기고, 깃과 소매는 한번
더 두들긴다. 이렇게 하면 다림질 시간을 줄일
수 있다.

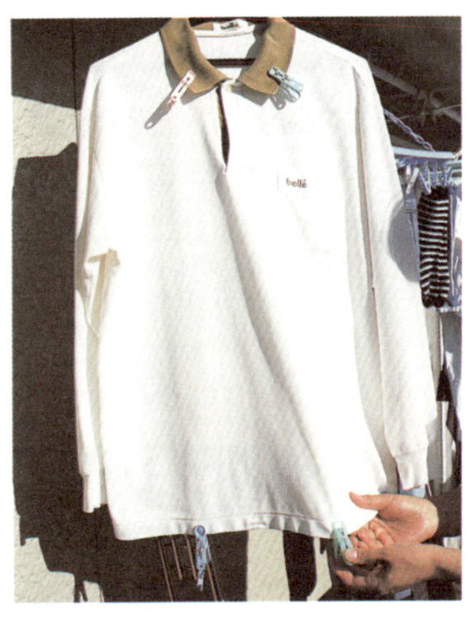

아랫단과 깃에 빨래 집게를 집어 둔다

셔츠나 블라우스를 말릴 때는 아랫단과 깃, 소맷
부리를 잡아당겨 빨래 집게를 집어 둔다. 빨래
집게가 추 역할을 하여 옷이 마르는 동안 천이
빳빳한 상태를 유지한다.

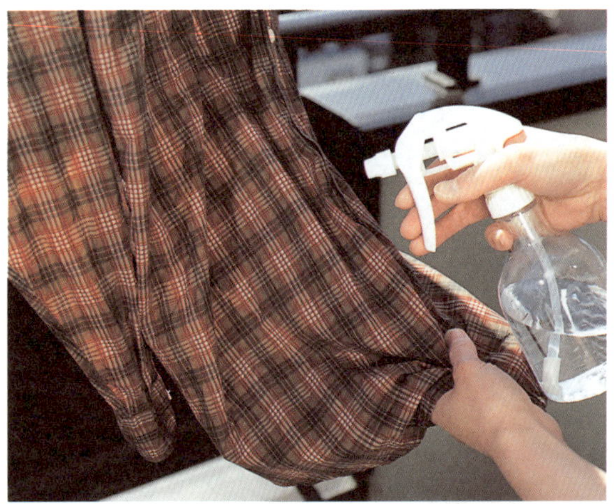

분무기로 물을 뿌리면 심한 주름이 사
라진다

지나치게 오랫동안 탈수를 하거나 탈수 후 세탁기
에 한동안 빨래를 그대로 방치해 두면 주름이 잘 없
어지지 않는다. 이때는 세탁물을 널면서 분무기로
물을 뿌린 뒤 손으로 주름을 잡아당겨 펴 주면 된다.

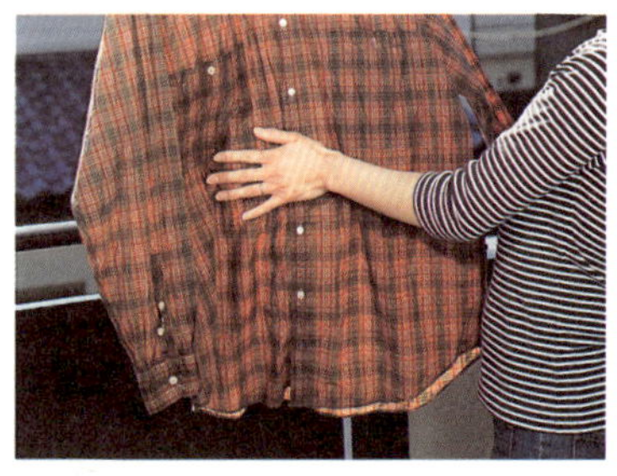

점착 클리너로 주름을 없앤다

세탁물을 손으로 두들기기가 번거롭거나 바지처럼 큰 의류는 점착 클리너를 활용한다. 천을 조금씩 잡아당기면서 몇 번 굴리면 주름이 눈에 띄지 않는다.

청바지는 이동식 옷걸이에 허리를 벌려서 넌다

두꺼운 청바지는 빨래 집게를 이용하여 사람이 입고 있는 형태로 만들어 허리 부분을 벌려서 널면 바람이 잘 통하여 빨리 마른다. 햇빛에 색이 바래지 않고 주머니도 빨리 마르도록 뒤집어서 넌다.

손수건은 2회 접은 다음 두들겨서 말린다

얇은 손수건은 접어서 널면 두꺼운 의류와 거의 동시에 마른다. 2회 접어 손바닥으로 탁탁 두들겨 널고, 마른 뒤에는 그대로 다림질하면 된다.

손수건은 창문에 붙여서 말린다

손수건은 분무기로 물을 뿌려 가볍게 적신 다음 창문(실내 쪽)에 붙이고 주름을 펴서 그대로 말린다. 이렇게 하면 다림질이 필요 없을 정도로 빳빳하게 마른다. 단, 창문을 깨끗이 닦고 말릴 것.

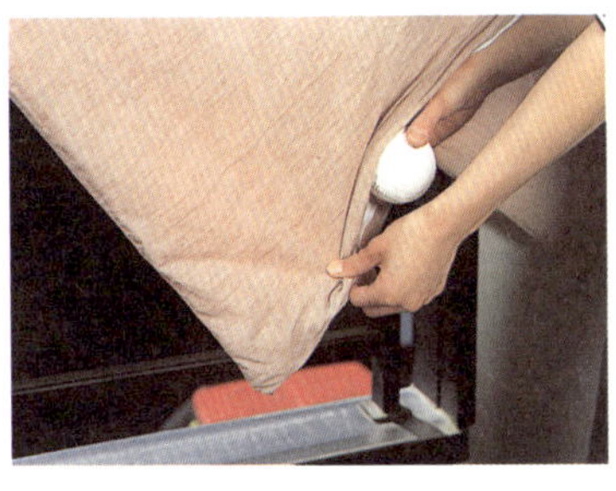

이불 커버를 말릴 때는 야구공을 이용

이불 커버 등의 큰 빨래는 전체를 손바닥으로 두들겨 주름을 펴기가 어렵다. 이때는 빨랫줄에 삼각형 모양으로 넌 다음 아래쪽 모서리에 야구공 2개를 넣어 두면 된다. 야구공이 추 역할을 하여 마르는 동안 천이 아래쪽으로 당겨지면서 주름이 펴진다. 다림질 시간도 줄일 수 있다.

신발을 세탁기에 탈수하는 방법

신발을 세탁기에 빨고 싶을 때는 '흡반 네트'를 만들어 활용한다. 그물 모양의 주머니에 신발을 넣고 안전핀으로 신발과 신발 사이를 고정한 뒤에 흡반을 붙이고 신발 바닥이 밖으로 보이도록 (이렇게 하면 천 부분이 탈수 면에 고정된다) 하여 세탁조에 매달면 된다.

마른 수건으로 감싸서 다시 탈수

탈수한 세탁물을 마른 수건 1~2장으로 감싸서 30초 정도 재탈수하면 마른 수건이 수분을 흡수하여 빨래가 더욱 빨리 마른다. 빨래를 몇 장씩 나눠서(티셔츠는 2장 정도) 수건으로 감싸 재탈수하는 방법도 효과적이다.

신문지가 세탁물의 습기를 흡수

습기를 잘 흡수하는 신문지의 특성을 활용한 방법. 실내에서 말릴 경우 세탁물 4장에 신문지 2~3을 구겨서 빨래 밑에 놓아두면 신문지가 습기를 흡수하여 빨래가 빨리 마른다.

파이프와 끈으로 많은 양의 빨래를 말린다

집 안에서 빨래를 말릴 때 파이프와 끈을 이용하면 평소보다 2배나 많은 양을 처리할 수 있다. 같은 길이(1m 정도)의 끈 2개로 고리를 만들어 파이프에 매단 다음 거기에 또 하나의 파이프를 끼워 넣으면 완성. 상단에는 짧은 것을 널고, 하단에는 길고 큰 빨래를 넌다.

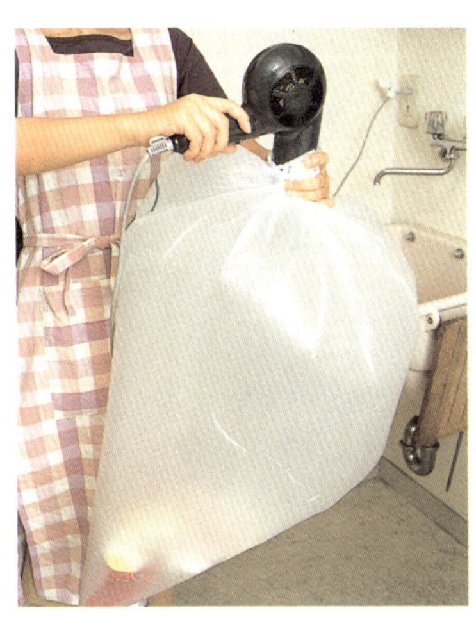

쓰레기 봉지와 드라이어를 활용

크기가 작거나 두께가 얇은 세탁물을 말릴 때는 쓰레기 봉지와 드라이어를 활용한다. 두툼한 쓰레기 봉지의 양쪽 모서리를 약간 자르고 세탁물을 넣은 뒤 드라이어의 입구를 대고 따뜻한 바람을 쐬어 주면 빨래가 빨리 마른다.

비닐 봉지와 드라이어로 손수건을 말린다

손수건처럼 작고 얇은 세탁물은 비닐 봉지에 넣고 드라이어의 온풍을 쐬어 말린다. 봉지를 흔들어 주면 더욱 빨리 마른다.

세탁기는 식초 물로 청소

곰팡이의 온상이 되기 쉬운 세탁기는 살균 · 표백 작용이 있는 식초를 이용하여 청소한다. 세탁기를 돌리기 전에 식초 물을 적신 걸레로 닦으면 된다. 특히 세제 투입구는 꼼꼼히 닦는다.

세탁조의 곰팡이 퇴치는 식초로

세탁조 역시 식초로 청소한다. 세탁조에 물을 높이 채워 식초 1컵을 넣고 몇 분간 돌리면 된다. 이렇게 한 다음 하룻밤 정도 방치했다가 헹궈 내면 세탁조의 곰팡이가 완전히 사라진다. 한 달에 1회 정도 청소한다.

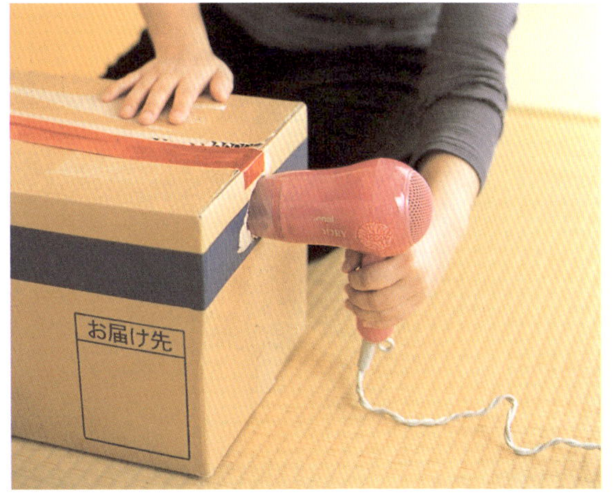

와이셔츠를 급히 말릴 때는 골판지 상자를 이용

골판지 상자의 틈을 테이프로 발라 봉하고 옆쪽에 드라이어를 끼워 넣을 구멍을 만들어 둔다. 상자에 덜 마른 와이셔츠를 넣고 드라이어를 구멍에 넣은 다음 작동한다. 1분 정도 말리고 30초간 그대로 놔두는 과정을 2~3회 반복하면 된다.

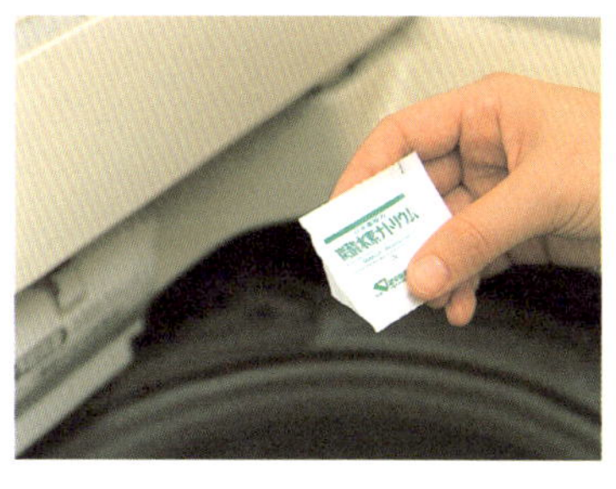

세탁조의 물때와 냄새는 탄산수소나트륨으로 제거

물때 제거에 효과적인 탄산수소나트륨을 세탁조 청소에도 활용한다. 세탁조에 목욕하고 남은 뜨거운 물과 탄산수소나트륨 30g을 넣고 하룻밤 정도 방치했다가 표준 코스로 돌리면 된다. 이렇게 하면 물때뿐만 아니라 악취도 사라진다.

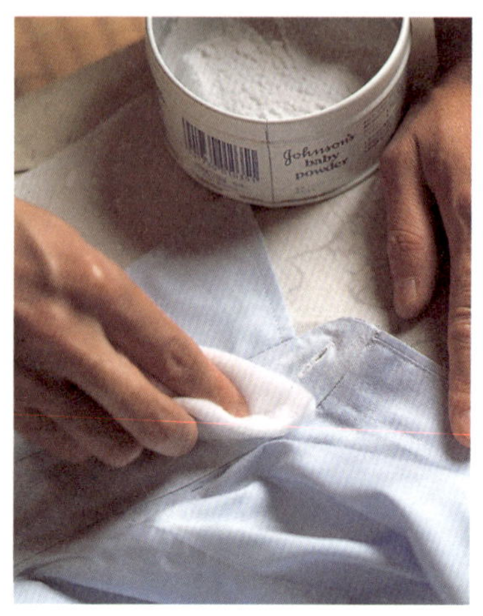

와이셔츠는 약간 덜 말랐을 때 다린다

와이셔츠는 깃과 소매가 덜 말랐을 때 걷어서 다림질을 하면 주름이 깨끗하게 펴진다. 이렇게 하면 다리미에 물을 넣거나 분무기로 물 뿌리는 시간을 단축할 수 있다.

베이비 파우더로 옷깃에 때가 끼는 것을 방지

와이셔츠 깃의 찌든 때는 주부들의 골칫거리. 이때는 습기에 강한 베이비 파우더를 깃 전체에 뿌리고 솜으로 누른 다음 다림질하면 때가 잘 끼지 않는다.

방충제 냄새는 냉장고용 탈취제로 제거

큰 비닐 봉지에 의류와 함께 냉장고용 탈취제를 넣고 테이프로 밀봉한다. 그대로 2~3시간 방치하면 방충제 냄새가 말끔하게 사라진다.

바짓단의 접힌 주름은 식초를 묻혀 다린다

바지나 스커트의 단을 내렸을 때 다림질만으로는 없어지지 않는 접힌 주름. 이럴 때는 식초에 물을 섞어 낡은 칫솔을 이용해 주름 부분에 바르고 나서 다림질을 하면 말끔히 펴진다.

방충제 냄새는 스팀 다리미의 스팀 으로 제거

방충제 냄새가 밴 의류는 냄새 성분이 녹아서 날 아가도록 다리미로 스팀을 고루 쐬어 준 다음 바 람이 잘 통하는 그늘에 말린다. 하룻밤 정도 지 나면 냄새가 완전히 사라진다. 다리미를 너무 가 까이 대어 의류가 상하지 않도록 주의할 것.

양말의 보풀은 속돌로 문지른다

양말에 생긴 보풀을 제거할 때는 손에 양말을 끼 고 속돌로 제거한다. 문지르기 쉬운 방향이 있으 므로 여러 방향에서 해 본다. 스웨터는 감이 상 하므로 속돌을 사용하지 않는 것이 좋다.

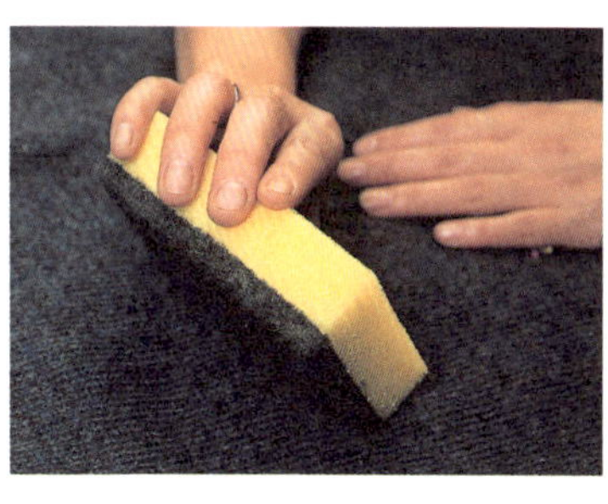

설거지용 스펀지로 보풀을 제거

스웨터의 보풀을 단번에 제거할 수 있는 설거지 용 스펀지. 거친 면을 사용하여 같은 방향으로 가볍게 문지르는 것이 포인트. 스펀지를 왔다갔 다하면 오히려 역효과가 나므로 주의해야 한다.

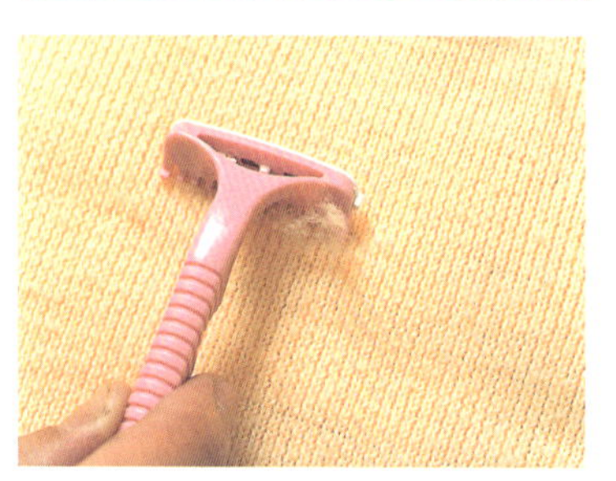

적은 양의 보풀은 면도기로 제거

스웨터에 한두 개 생긴 보풀을 무리하게 잡아당 기면 옷감이 상한다. 이때는 T자형 면도기로 스 웨터의 표면을 살짝 긁어 보풀만 제거한다.

바지 주름에 초를 발라 다린다

초를 이용한 형상 기억 가공법. 바지를 뒤집어서 주 름을 따라 선을 긋듯이 초를 1회 칠한 다음 다시 뒤 집어서 겉면을 다림질한다. 열에 녹았던 초가 다시 굳어 다음 세탁 때까지 바지의 주름이 빳빳하게 유 지된다.

털끝을 잘라 낸 칫솔로 보풀을 제거

낡은 칫솔의 털끝을 짧게 잘라 칫솔을 가볍게 돌리면서 스웨터를 문지르면 보풀이 쉽게 제거 된다. 털끝을 들쭉날쭉하게 자르면 더욱 효과적 이다.

아이의 실내화는 걸레와 함께 세탁

아이의 실내화는 세탁기에 넣고 돌릴 수 있다. 찌든 때 부분과 신발 바닥은 낡은 칫솔을 이용해 대충 문지른 뒤 걸레 2~3장과 함께 빠는 것이 포인트. 실내화와 걸레의 마찰로 인해 때가 깨끗이 빠지는 데다 세탁 중에 신발이 부딪쳐 나는 소리도 막을 수 있다.

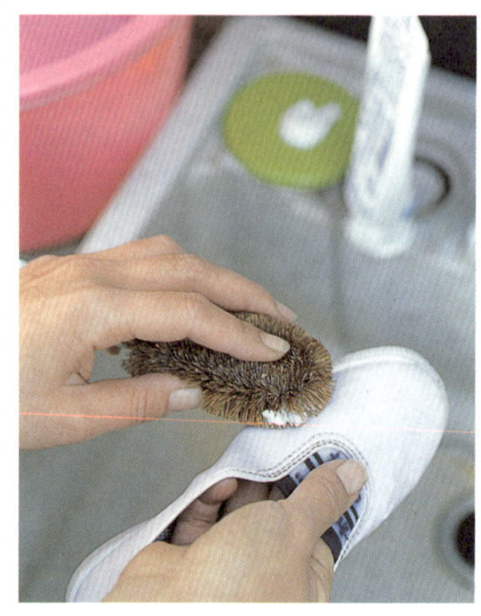

실내화의 찌든 때는 치약으로 제거

실내화의 찌든 때가 잘 빠지지 않을 때는 세제 대신 치약을 솔에 묻혀 문지른다. 치약의 강력한 점착력과 연마력이 실내화의 찌든 때를 말끔히 제거해 준다.

시커먼 운동화 끈은 필름 통에 담가 둔다

신발을 빨아도 잘 빠지지 않는 운동화 끈의 찌든 때. 이때는 필름 통을 사용하여 끈을 따로 표백 하는 것이 좋다. 필름 통에 운동화 끈을 넣고 표 백제를 부어 하룻밤 정도 담가 둔다.

더러워진 봉제 인형은 소금으로 닦 는다

새하얀 봉제 인형이 거무스름해졌다면 소금으로 해결한다. 비닐 봉지에 인형을 넣고 소금을 뿌린 뒤 입구를 꽉 잡고 30회 정도 흔든다. 그런 다음 때에 흡착된 소금을 털어 내기만 하면 OK.

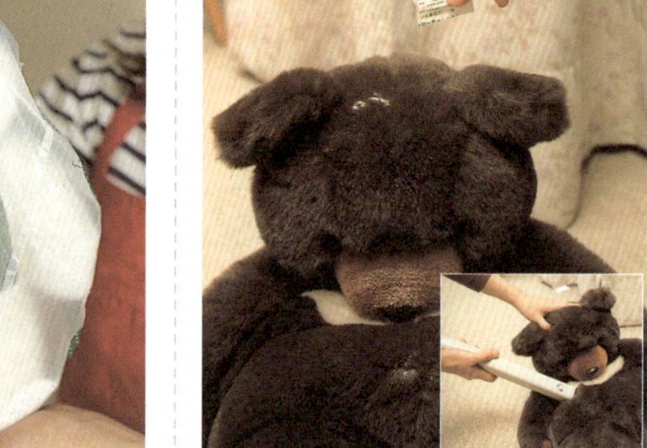

세탁하기 어려운 봉제 인형은 탄산 수소나트륨 + 청소기로 처리

세탁기에 넣고 돌릴 수 없는 봉제 인형은 심하게 더러운 곳에 탄산수소나트륨을 뿌려 가볍게 문 지른다. 이렇게 하여 탄산수소나트륨에 의해 때 가 분리되면 청소기를 돌려 제거한다.

PART 7 | 생활 전반

HOUSE KEEPING

물건 표면에 작은 물방울이 서려 붙는 결로(結露) 현상이나 곰팡이, 해충, 악취 등 계절에 따른 문제점. 그리고 오래된 주택에서 생기는 여러 가지 어려운 점들. 지금부터 소개하는 노하우를 미리 알고 있으면 문제가 발생했을 때 당황하지 않고 침착하게 해결할 수 있다.

결로와 습기 방지하기

자기 전에 창문에 신문지를 붙여 놓는다

밤에 자기 전에 창문 위아래에 신문지를 2장 붙여 놓으면 신문지가 수분을 흡수하여 물기가 바닥으로 떨어지지 않는다. 벗겨 낸 신문으로 창문을 닦으면 반짝반짝 윤기까지 흐르는 일석이조의 방법.

알루미늄 깔개로 창문의 결로를 방지

밤에 자기 전에 커튼과 창문 사이에 알루미늄 깔개를 세워 놓으면 방의 온기를 유지하면서도 결로 현상을 방지할 수 있다. 이렇게 하면 더 이상 아침에 이슬 맺힌 창문을 닦을 필요가 없다.

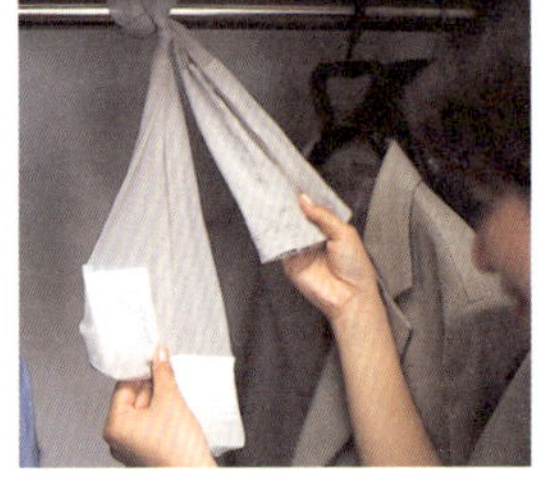

스타킹 속에 건조제를 넣어 습기를 제거

옷장에 습기가 차는 것을 방지하기 위해서는 올이 나간 스타킹의 발끝 부분에 건조제를 각각 1개씩 넣어 파이프에 묶어 둔다. 어디든 묶어 놓을 수 있다는 것이 장점.

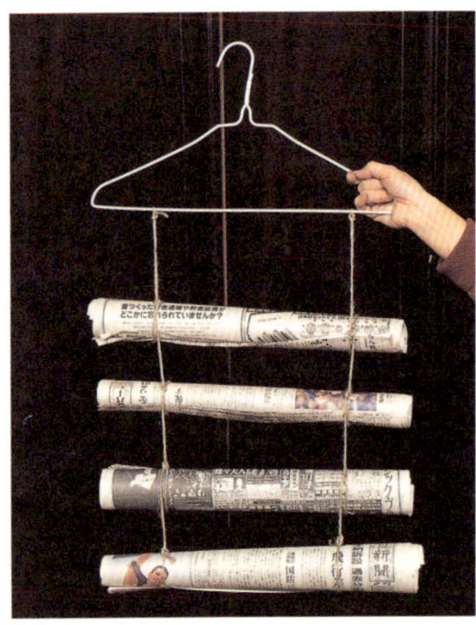

신문지를 끼워 넣어 벽장의 습기를 제거

신문지 한 장을 둘둘 말아 벽장의 빈 틈에 끼워 넣으면 습기가 차지 않는다. 벽장 크기에 맞게 신문지의 양을 조절하면 된다. 공간을 차지하지 않는 것도 장점. 신문지가 눅눅해지면 교환한다.

습기 제거용 신문지 옷걸이를 옷장에 걸어 둔다

신문지를 4~5장 겹쳐서 4등분한 다음 각각을 둘둘 말아 끈으로 철사 옷걸이에 매달면 '습기 제거용 신문지 옷걸이'가 완성된다. 옷장처럼 습기가 많이 차는 곳에 걸어 둔다.

이불을 벽장에 수납할 때 화장지 심을 함께 보관

이불을 벽장에 수납할 때는 화장지의 심을 활용한다. 심을 3개 연결한 다음 신문지로 감아 이불 밑과 사이에 끼워 넣으면 된다. 심이 우그러지면 교환한다.

신지 않는 신발은 신문지로 싸서 신발 상자에 보관

계절이 지난 신발은 깨끗이 닦아 신문지에 싸서 신발 상자에 보관한다. 종이로 된 상자와 신문지가 습기를 이중으로 제거해 준다.

신발에 건조제를 넣어 습기를 제거

구이 김 등에 들어 있는 건조제를 신발 속에 넣어 두면 습기로 인해 신발이 눅눅해지지 않는다. 그러나 지나치게 많이 넣으면 오히려 신발이 상할 수도 있으므로 주의한다.

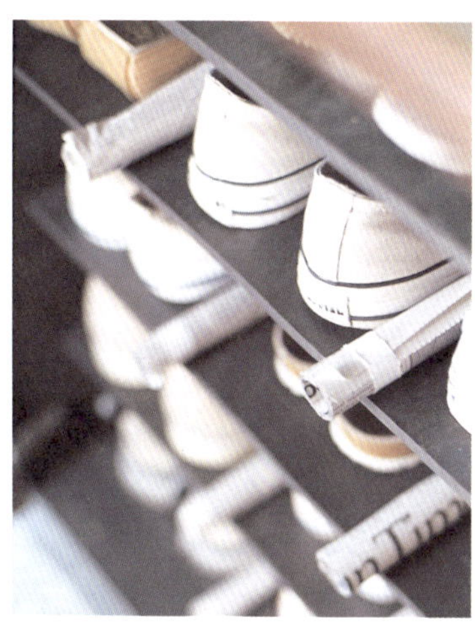

둘둘 만 신문지로 신발장의 냄새와 습기를 제거

신문지를 둘둘 말아 신발과 신발 사이에 끼워 두면 신발장과 신발의 습기뿐만 아니라 냄새도 제거된다. 가능하면 가늘게 말아 많이 넣어 두는 것이 효과적이다.

가방에 신문지를 채워 넣어 습기를 흡수

당분간 사용하지 않는 가방이나 부츠 등의 가죽 제품에는 신문지를 둥글게 뭉쳐 채워서 보관하면 습기가 차지 않을 뿐만 아니라 모양도 유지된다.

폭죽은 건조제와 함께 보관

폭죽을 보관할 때는 과자나 김 등에 들어 있는 건조제 1~2개와 함께 큼직한 비닐 봉지에 넣어 밀봉한다. 이렇게 하면 시간이 흐른 뒤에도 불꽃놀이를 즐길 수 있다.

신발 속에 신문지를 넣어 습기와 냄새를 제거

당분간 신지 않을 신발을 보관할 때는 신문지를 둥글게 뭉쳐 신발에 넣은 다음 신발장에 보관한다. 신문지가 습기와 냄새를 제거해 주고, 신발의 모양이 변하는 것도 막아 준다.

신발장에 신문지를 깔아 습기를 제거

신발장의 크기에 맞게 신문지를 잘라 각 칸의 바닥에 깔아 둔다. 이렇게 하면 장마철에 특히 신경이 쓰이는 신발장의 습기가 제거될 뿐만 아니라 청소하기도 편하다.

냄새 · 해충 방지하기

HOUSE KEEPING

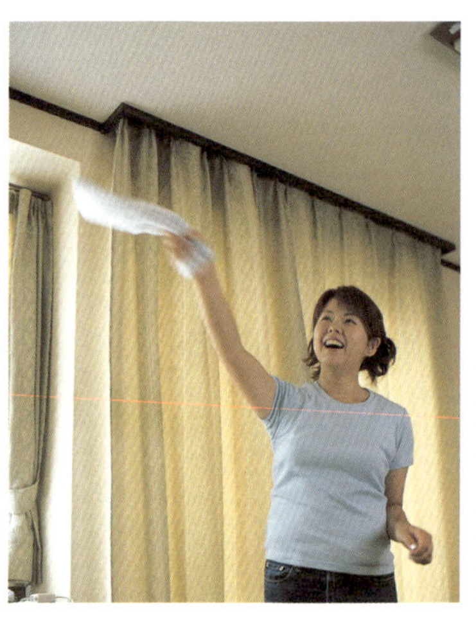

젖은 수건을 휘둘러 담배 냄새 제거

냄새는 수분에 달라붙는 성질을 갖고 있어서 물에 적셔 꼭 짠 수건을 공중에 휘두르면 담배 연기와 냄새가 거짓말처럼 순식간에 사라진다. 특별한 준비물이 필요하지 않으므로 손님이 갑자기 찾아왔을 때 활용하면 좋은 방법.

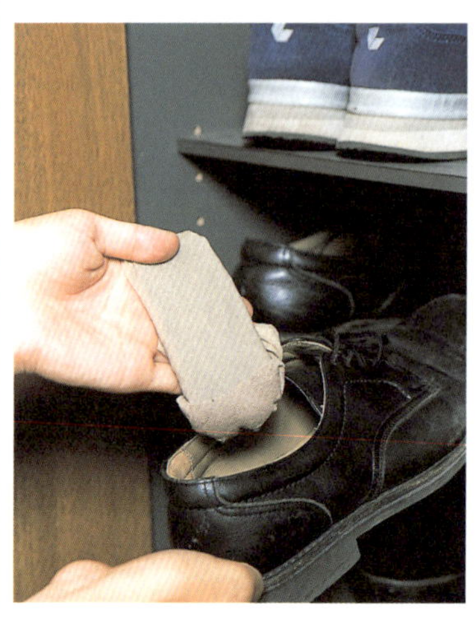

차 찌꺼기를 넣은 스타킹을 신발장에 넣어 냄새를 제거

신발장 냄새를 제거하고 싶을 때는 홍차나 차 찌꺼기를 활용한다. 잘 말린 차 찌꺼기를 낡은 스타킹에 담아 신발장에 넣어 두면 된다. 습기와 냄새가 차기 쉬운 부츠나 가죽 신발에 조금씩 나누어 1개씩 넣어 두면 효과 만점.

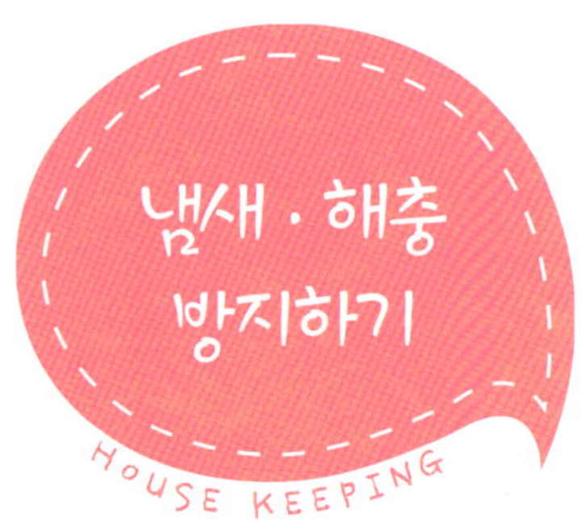

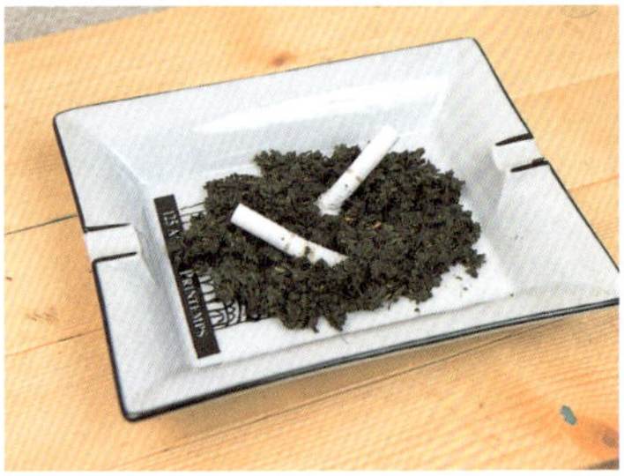

재떨이에 차 찌꺼기를 깔아 담배 냄새를 제거

재떨이에 우려낸 찻잎을 깔아 두면 카테킨의 작용에 의해 담배 냄새가 사라진다. 화장실이나 현관에 차 찌꺼기를 놓아두면 탈취제 겸 방향제 역할을 한다.

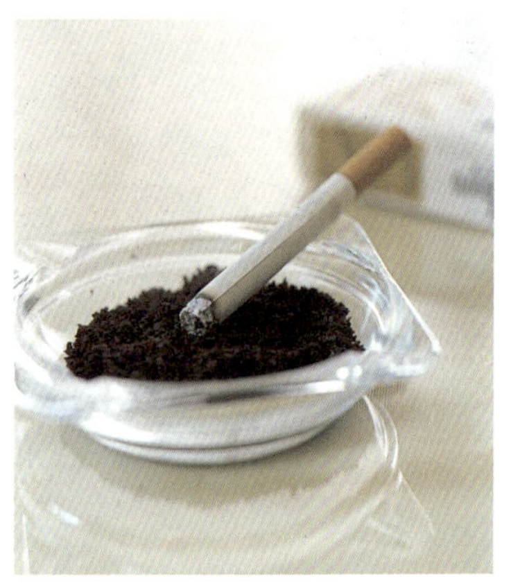

커피 찌꺼기로 담배 냄새를 제거

담배 냄새를 없애고 싶을 때는 축축한 상태의 커피 찌꺼기를 활용한다. 재떨이에 깔아 두면 꽁초가 5~6개 정도 쌓여도 냄새가 나지 않는다.

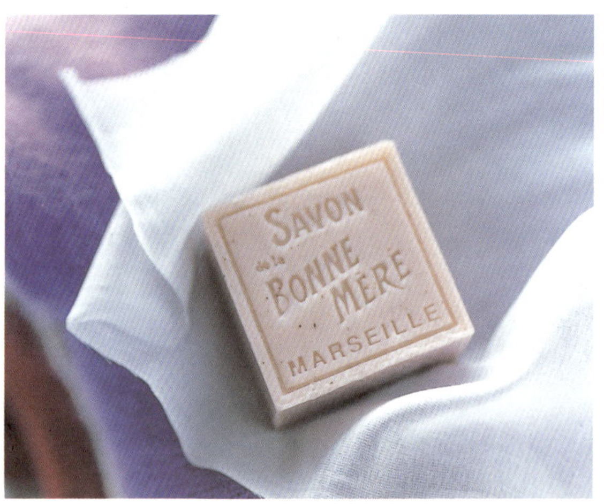

해충 방제를 위해 옷장 서랍에 비누를 넣어 둔다

의류를 좀먹는 해충은 비누 냄새를 싫어하기 때문에 비누를 손수건으로 싸서 옷장 서랍에 넣어 두면 효과적이다. 옷 위에 놓아두면 냄새가 위에서 아래로 퍼진다.

방충망에 식초를 뿌려 파리를 퇴치

식초를 2배로 희석하여 방충망에 뿌리면 식초의 소독·항균 작용으로 인해 파리가 접근하지 못한다. 안쪽에 신문지를 붙이고 작업하면 식초물이 잘 배어든다. 식품이기 때문에 아이가 만져도 안심.

분필로 선을 그어 개미 출입을 방지

개미는 분필을 싫어하기 때문에 분필로 선을 그어 두면 개미가 그 선을 넘지 못한다. 현관이나 창문처럼 개미가 들어올 만한 곳에 분필로 선을 그어 둔다.

살충액이 담긴 페트병으로 해충을 퇴치

냄새에 민감한 파리와 모기의 성질을 이용하여 해충이 집 안에 들어오기 전에 차단하는 방법. 달콤한 냄새가 나는 액체를 페트병에 담고, 병에 한 번 들어가면 다시 빠져나오지 못하는 구조로 만드는 것이 포인트. 현관이나 나뭇가지 부근에 놓아둔다.

분유통의 알루미늄제 속뚜껑으로 새를 쫓는다

분유통의 속뚜껑은 빛을 반사하는 성질을 가진 알루미늄이어서 새를 쫓는 데 활용할 수 있다. 속뚜껑의 따개 구멍에 비닐 끈을 끼워 넣고 한쪽만 묶어 새가 접근하지 못하도록 텃밭 위에 매달아 두면 된다.

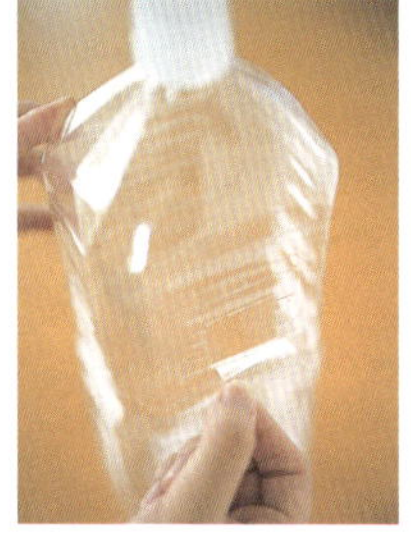

재료 : 살충액(청주 150㎖, 식초 100㎖, 설탕 50g), 2ℓ들이 페트병

페트병의 윗부분에 사방 3㎝의 입구를 만든 다음 살충액을 넣는다.

돗자리가 눌었을 때는 스틸 울이나 옥시돌로 문지른다

돗자리에 검게 눌은 자국이 생겼을 때는 스틸 울을 천에 묻혀 가볍게 문지르면 된다. 그런 다음 접착제로 보강하면 올이 풀리는 것을 막을 수 있다. 엷게 눌은 자국이라면 옥시돌을 천에 묻혀 탈색한다.

누르스름해진 장지문 종이에는 표백제를 뿌린다

장지문의 종이가 누르스름해졌을 때는 분무기에 물 1ℓ와 표백제 1작은술, 물풀 2큰술을 넣고 섞은 다음 골고루 뿌려 주면 다시 하얘진다.

낡은 테니스 공으로 의자 다리 커버를 만든다

낡은 테니스 공에 십자로 칼집을 내면 의자 다리 커버로 변신한다. 의자 다리에 커버를 씌우면 불쾌한 소리와 바닥에 흠집이 생기는 것을 방지할 수 있다.

▲ 카펫과 같은 색의 털실을 준비하여 구멍 크기에 맞춰 잘게 자른다.

구멍 뚫린 카펫에는 같은 색의 털실을 채워 넣는다

카펫에 담뱃불이 튀어 작은 구멍이 났을 때는 카펫과 같은 색의 털실을 이용해 처리한다. 털실을 잘게 잘라 양재용 접착제를 구멍에 듬뿍 넣고 털실을 채워 넣으면 된다. 이렇게 하면 자세히 들여다보지 않는 이상 알아차리지 못할 만큼 탄 자국이 눈에 띄지 않는다.

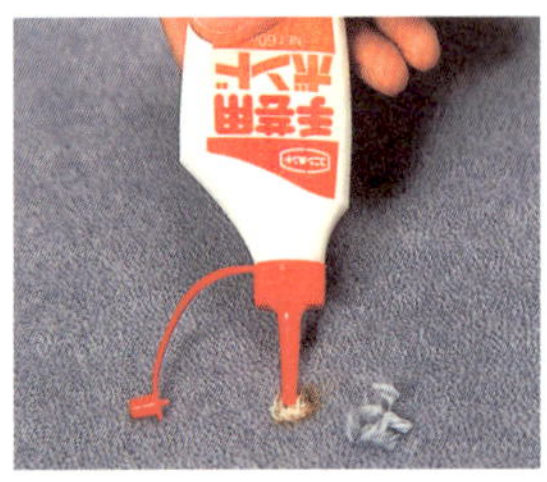

◀ 양재용 접착제를 구멍에 듬뿍 바르고 잘게 자른 털실을 채워 넣는다.

▶ 접착제가 굳으면 튀어나온 털실을 카펫의 털 길이에 맞게 자른다.

타일 틈새에 초를 칠하여 곰팡이를 방지

화장실에 곰팡이가 피는 것을 방지하기 위한 대책으로는 초를 활용하는 것이 효과적이다. 타일 틈새에 초를 칠해 두면 물기가 스며들지 않아 곰팡이가 피는 것을 막아 준다. 몇 개월에 한 번씩 다시 칠하면 효과가 지속된다.

고추냉이 물로 화장실 벽과 바닥을 청소

화장실 벽과 바닥을 세제로 청소하고 물기를 닦아 낸 다음 고추냉이 푼 물에 걸레를 적셨다가 꼭 짜서 닦으면 검은 곰팡이가 확실히 줄어든다. 항균 작용을 하는 고추냉이는 천연의 곰팡이 방지제다.

비누로 화장실 거울을 문지르면 기름막이 생성

마른 비누를 직접 화장실 거울에 대고 문지른 뒤 마른 걸레로 닦아 낸다. 이렇게 하면 거울에 기름막이 생겨 샤워할 때 거울이 흐려지거나 때가 끼는 것을 방지할 수 있다.

방충망이 움푹 들어갔을 때는 드라이어의 따뜻한 바람을 쐰다

방충망에 움푹 들어간 자국이 생겼을 때는 30㎝ 정도 떨어진 곳에서 헤어 드라이어의 따뜻한 바람을 쐬어 준다. 이렇게 하면 열기로 인해 망이 수축되어 커다란 자국이 아닌 이상 눈에 띄지 않는다. 그러나 너무 오랫동안 온풍을 쐬면 오히려 역효과가 나므로 주의할 것.

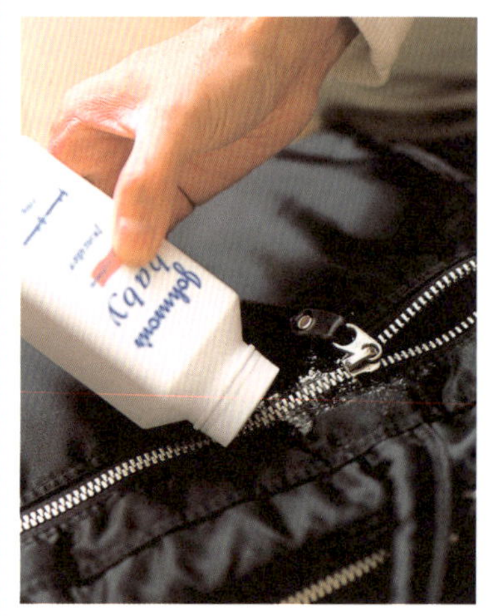

뻑뻑한 지퍼에는 베이비 파우더를 뿌린다

가방이나 양복의 지퍼가 뻑뻑할 때는 베이비 파우더를 뿌린다. 이렇게 하면 미세한 입자가 지퍼의 움직임을 원활하게 해 주어 수월하게 지퍼를 열고 닫을 수 있다.

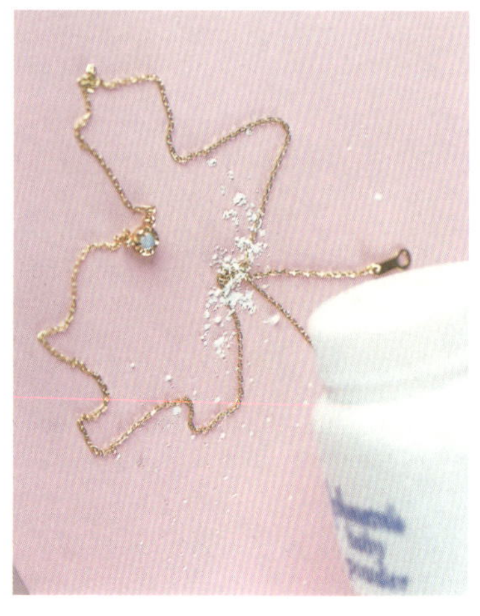

엉킨 목걸이 줄도 베이비 파우더로 푼다

얇은 목걸이 줄이 엉켰을 때도 당황하지 말고 베이비 파우더를 이용하면 된다. 엉킨 부분에 베이비 파우더를 뿌리고 살살 풀면 성질이 급한 사람도 쉽게 풀 수 있다.

변색된 은 제품은 우유에 담근다

지속적인 손질이 필요한 액세서리류. 특히 은 소재의 액세서리가 검게 변색되었을 때 우유에 약 10분간 담갔다가 꺼내서 부드러운 천으로 닦으면 은 제품 특유의 중후한 광택이 되살아난다.

팬티스타킹을 땋아 부드러운 수세미를 만든다

낡은 팬티스타킹 3켤레를 준비하여 엉덩이 부분을 세로로 잘라 댕기를 땋듯이 땋은 다음 여러 번 묶어 경단 모양을 만든다(2개 완성). 부드러운 나일론제이므로 구두를 닦는 데도 좋고, 스테인리스나 타일도 흠집이 나지 않게 깨끗하게 닦을 수 있다. 내구성이 좋은 것도 장점.

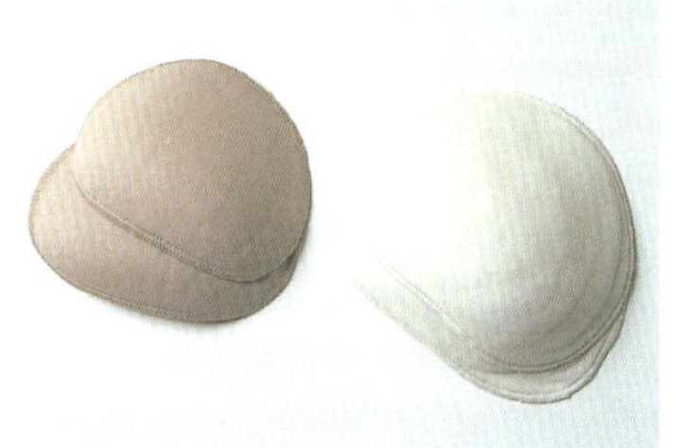

새 구두는 뒤꿈치 부분에 비누를 칠해 둔다

가죽이 딱딱하여 발뒤꿈치가 쓸릴 우려가 있는 새 구두를 신기 전에는 뒤꿈치가 닿는 부분에 고형 비누를 칠해 두면 편하게 신을 수 있다.

페트병으로 구두의 모양을 유지

구두의 모양을 유지하는 데는 500㎖들이 페트병을 활용한다. 뚜껑을 벗기고 구두의 크기에 맞게 페트병의 아랫부분을 잘라 내면 완성. 페트병 속에 탈취제나 제습제 등을 넣어 두면 냄새와 습기가 제거되어 금상첨화.

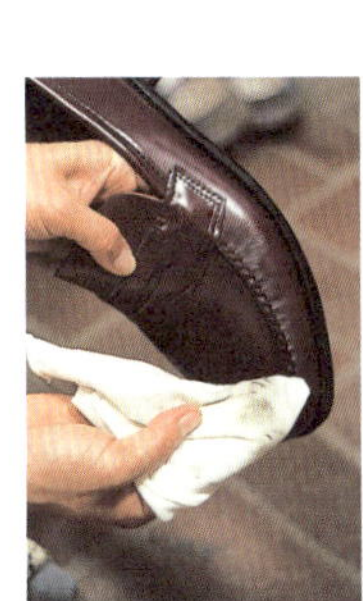

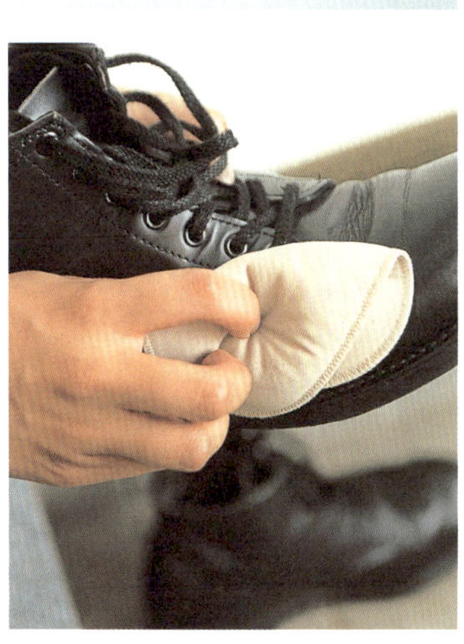

오래된 화장품으로 구두나 가죽 제품을 손질

오래된 유액이나 클렌징 크림은 가죽을 닦는 데 활용한다. 부드러운 천에 묻혀 닦으면 가죽에 탄력이 생기고 광택까지 난다. 딱딱한 스키 장갑도 유액으로 살살 문지르면 부드러워진다. 피부에 맞지 않는 다른 화장품을 사용해도 좋다.

휴대용 어깨 패드로 구두를 닦는다

입지 않는 양복을 처분할 때는 어깨 패드를 빼서 구두를 닦는 데 활용해 본다. 손바닥 크기인 데다 가벼워서 가지고 다니기에도 편리하다. 목욕 스펀지로도 사용할 수 있다.

목제 가구에 난 흠집은 인스턴트 커피로 해결

목제 가구에 작은 흠집이 났을 때는 진하게 타서 식힌 인스턴트 커피를 칠한다. 도장 가구에는 비슷한 색의 크레용을 칠한 다음 투명 매니큐어를 덧바른다. 가구에 낀 먼지를 깨끗이 닦은 뒤에 작업할 것.

필름통 뚜껑을 플러그에 끼워 먼지를 차단

플러그에 낀 먼지는 화재의 원인이 될 수도 있다. 필름통 뚜껑에 칼집을 넣어 가운데를 도려낸 뒤 플러그를 끼우면 먼지가 끼는 것을 방지할 수 있다.

등나무로 된 소품이나 가구는 소금물로 닦는다

누르스름해지기 쉬운 등나무 가구는 약한 소금물에 적셨다가 꽉 짠 걸레로 닦는다. 창문이나 장지 등의 손때도 소금물로 닦는 것이 좋다.

더러운 거울은 감자 껍질로 닦는다

손때와 먼지로 인해 하얀 막이 낀 것처럼 더러워진 거울은 감자 껍질로 닦는다. 감자 껍질에 수분이 남아 있을 때 문지른 뒤 물로 헹구면 거울에서 윤이 난다. 껍질이 말랐을 때는 거울에 물을 약간 뿌려서 문지르면 된다.

1. 털끝이 갈라진 칫솔을 준비한다.

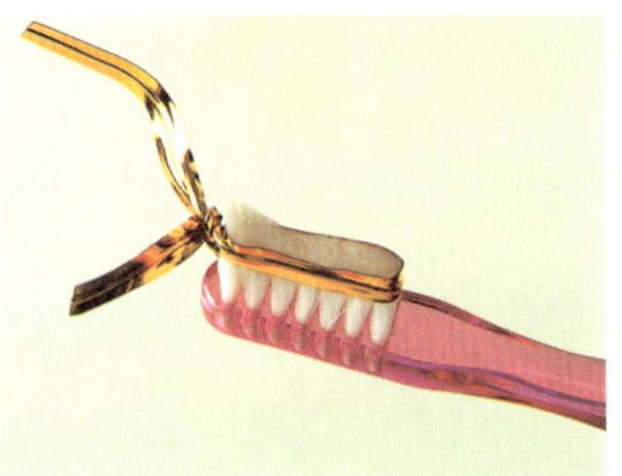

2. 비닐 타이로 솔 부분을 꽉 잡아당겨 묶는다.

뻑뻑한 열쇠는 연필 심 가루로 해결

열쇠가 뻑뻑하여 문이 잘 열리지 않을 때는 연필 심을 가루내어 열쇠에 뿌린 다음 열쇠 구멍에 넣었다 빼는 동작을 반복하면 된다. 재봉틀 기름이나 실리콘 스프레이를 사용하면 역효과가 나므로 주의할 것.

3. 비닐 타이에 묶은 채로 따뜻한 물을 뿌린다.

털끝이 갈라진 칫솔은 비닐 타이로 재생

끝이 닳아 넓게 퍼진 칫솔 끝부분에 비닐 타이를 감고 손가락으로 눌러 고정한 뒤 털이 가운데로 모이도록 잡아당겨 묶는다. 비닐 타이로 묶은 채 뜨거운 물을 10~15초간 부은 다음 찬물에 5초간 담그면 칫솔이 새 것처럼 변한다. 퍼진 털끝을 열기로 교정하고 냉수로 정착시키는 재생 기술이다.

4. 작은 컵에 찬물을 담아 칫솔을 담근다.

5. 새 것처럼 변한다.

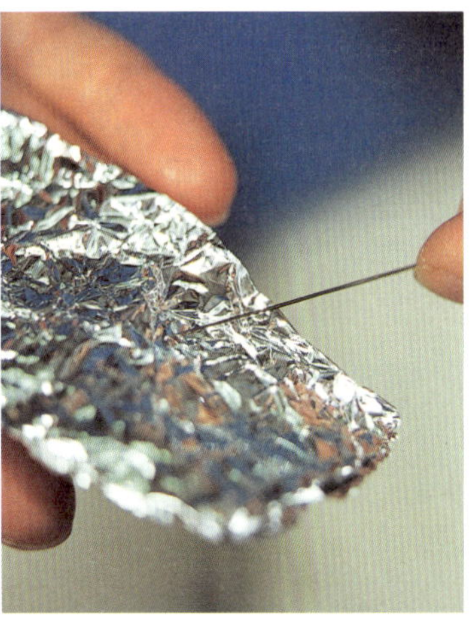

녹슨 바늘은 알루미늄 포일로 문지른다

바늘에 녹이 슬었을 때는 알루미늄 포일을 활용한다. 주방에서 쓰고 남은 알루미늄 포일로 바늘을 감싸고 세게 문지른 뒤 천에 기름을 약간 묻혀 닦으면 된다.

이불 관리하기

의자 2개에 이불을 걸쳐 놓고 실내에서 말린다

실내에서 이불을 말릴 때는 이불 아래쪽으로도 공기가 통하게 하는 것이 좋다. 의자 2개를 떨어뜨려 놓고 그 위에 이불을 걸치는 것이 방법. 선풍기나 에어컨을 틀어 놓으면 더욱 효과적이다.

플라스틱 바구니 위에 이불을 씌워 말린다

비가 오거나 꽃가루가 날려 이불을 밖에 널 수 없을 때는 플라스틱 바구니나 거실에 있는 테이블 등에 이불을 씌워 실내에서 말리는 것이 효과적이다.

이불 털이개에 스타킹을 씌워 먼지를 턴다

집합 주택 등에서 먼지가 날리지 않게 이불을 털고 싶을 때는 털이개에 스타킹을 씌운다. 이렇게 하면 정전기가 일어나 이불의 먼지가 스타킹에 달라붙는다. 스타킹은 입구 부분을 고무줄이나 끈으로 고정한다.

철사 옷걸이로 만드는 만능 베개 행거

생각 외로 말릴 장소가 마땅치 않은 베개. 철사 옷걸이의 아랫부분을 아래쪽으로 잡아당겨 베개 행거를 만들면 고민이 해결된다. 빨래 건조대에 걸 수 있어 편리하며, 나란히 2개를 걸어 이용하면 베개가 떨어질 염려도 없다. 어떤 모양의 베개에도 이용할 수 있는 만능 행거.

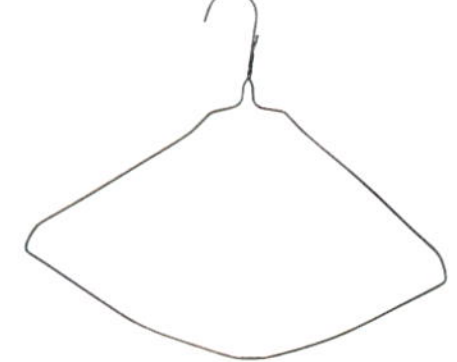

PART 8 | 미용

BEAUTY

비싼 화장품을 사지 않아도 된다. 주방에 있는 친숙한 재료를 활용하거나 손

질 방식에 조금만 변화를 주어도 몇 배 더 예뻐질 수 있다. 모두 쉽고 간단한

방법이므로 중간에 포기할까 봐 걱정할 필요도 없다.

❋ 주의 사항

이번 장에 나온 미용법은 팔 안쪽 부분처럼 눈에 띄지 않거나 예민한 부분에 먼저 시험해 보고 트러블이 생기지 않는지를 확인한 뒤에 이용해야 한다. 만일 피부가 붉어지거나 가려움 증상이 나타나면 바로 사용을 중지한다.

흑설탕 팩으로 만드는 촉촉한 피부

흑설탕에 함유된 곡토올리고의 미용 효과를 이용한 초간단 보습 팩. 잘게 부순 흑설탕에 물을 붓고 걸쭉해질 때까지 끓여 식혀서 얼굴에 바른 다음 몇 분 뒤에 미지근한 물로 씻어 낸다. 피부결이 고와지고 촉촉해진다.

햇빛에 탄 피부는 우유 팩으로 응급 처치

피부가 햇빛에 그을렸을 때는 차가운 우유 팩으로 응급 처치를 하는 것이 좋다. 빨개진 부분에 우유에 적신 솜을 잠시 붙여 놓았다가 물로 헹구면 된다. 이렇게 하면 우유의 단백질이 피부 조직의 기능을 재생시켜 탄력과 윤기가 되살아난다.

목욕할 때 차 찌꺼기로 마사지하면 피부에 윤기가 돈다

목욕할 때 뜨거운 물에 적신 차 찌꺼기를 주머니에 넣어 얼굴을 가볍게 마사지하면 아미노산이 작용하여 피부에 윤기가 돈다. 거의 매일 나오는 차 찌꺼기를 모아 두었다가 목욕할 때 사용하면 OK.

쌀뜨물을 이용해 각질을 제거

하룻밤 정도 묵힌 쌀뜨물을 이용한 쌀겨 필링. 쌀겨를 얼굴에 바른 다음 마르기 시작하면 손가락으로 가볍게 문지른다. 이렇게 하면 쌀겨와 함께 얼굴의 각질과 때가 제거된다. 코의 피지 제거는 물론 피부가 뽀얗고 보들보들해진다. 일주일에 1회 정도 실시한다.

▲ 약 10분 뒤에 손가락으로 가볍게 문지르고 세안한다. 화장수 또는 유액으로 마무리한다.

1. 처음 나온 쌀뜨물은 버리고 2~3회째 씻은 물을 받아 둔다.

2. 하룻밤 정도 묵혀 쌀겨를 침전시킨다.

3. 맑은 물은 떠내고 침전된 쌀겨를 얼굴에 바른다.

손바닥으로 얼굴 주름을 편다

양복에 생긴 주름을 다림질로 펴듯이 얼굴의 주름도 열을 가해 편다. 이마에 손바닥을 대면 체온(열기)이 전해져 신경 쓰이는 잔주름이 펴진다.

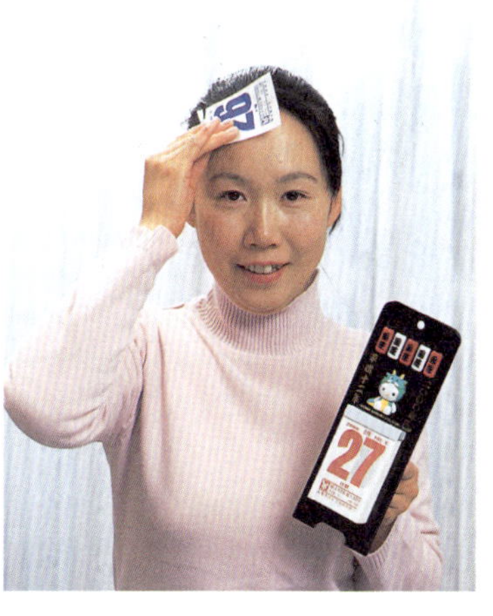

달력 종이로 얼굴 피지를 닦아 낸다

매일 한 장씩 뜯어서 버리는 달력(일력) 종이는 기름기를 흡수하는 힘이 강해서 얼굴의 피지를 닦아 내는 기름 종이로 활용할 수 있다. 피부에 자극을 줄 수 있으므로 인쇄되어 있지 않은 뒷면을 사용한다. 손바닥 크기라서 다루기 편한 것도 장점.

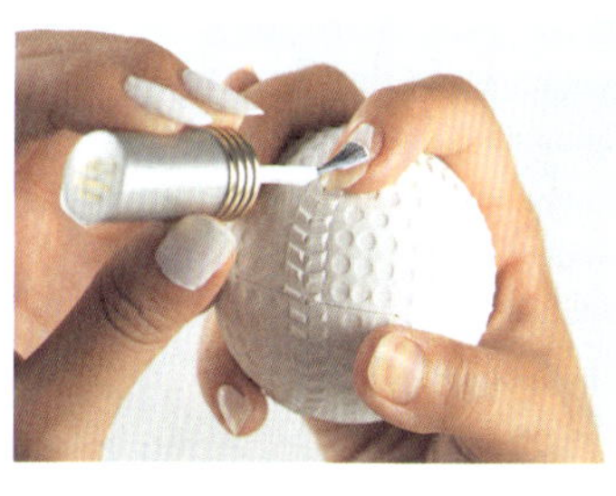

매니큐어는 야구공을 쥐고 칠한다

오른손잡이는 오른손에, 왼손잡이는 왼손에 매니큐어를 칠하기가 어렵다. 이때는 주로 사용하는 쪽 손에 야구공을 쥐고 손목을 테이블 위에 댄 다음 칠하면 된다. 이렇게 하면 손가락 끝이 안정되어 깔끔하게 매니큐어를 칠할 수 있다.

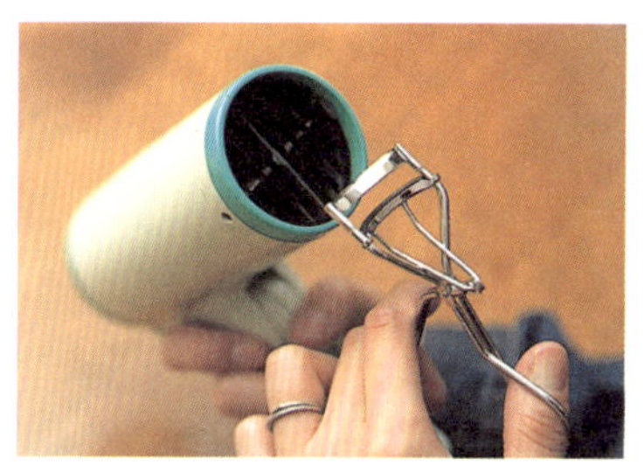

간단하고 효과가 뛰어난 마요네즈 헤어팩

마요네즈는 머리카락 건강에 필요한 단백질과 유분을 풍부하게 함유하고 있다. 샴푸와 린스를 한 머리에 마요네즈를 적당량 바르고 랩이나 비닐 봉지 등으로 감싼다. 몇 분간 기다렸다가 잘 헹궈 내면 머릿결이 놀랄 만큼 부드러워진다.

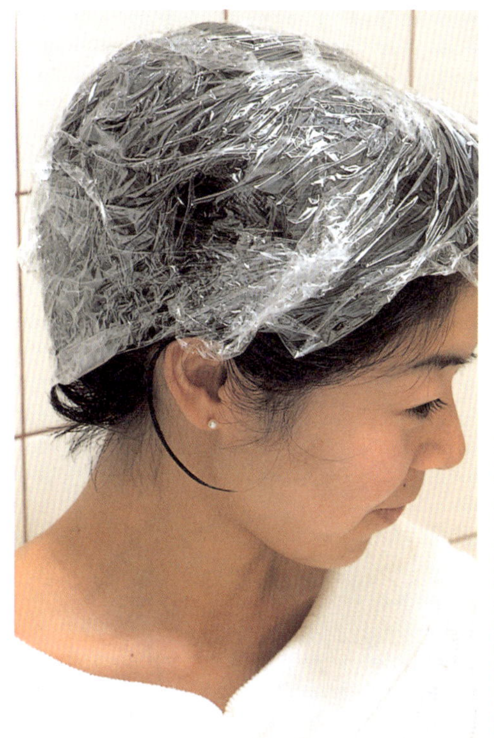

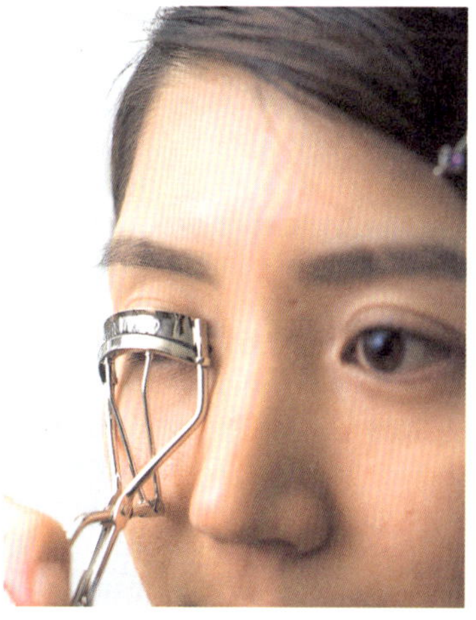

뷰러에 열을 가하여 예쁜 속눈썹을 만든다

뷰러의 고무 패킹 부분에 드라이어의 따뜻한 바람을 쐬어 사람의 체온 정도가 될 때까지 약 5초간 데운 다음 늘 하던 대로 속눈썹을 집는다. 이렇게 하면 속눈썹이 마치 고데를 한 것처럼 예쁘게 말려 올라간다.

피지 제거와 미백에 좋은 녹차 세안

녹차로 세안을 하면 피부에 탄력이 생기고 남아 있는 피지가 제거된다. 녹차 찌꺼기를 세면기에 넣고 따뜻한 물을 부어 사람의 체온과 비슷한 정도가 되었을 때 위에 뜬 물로 세안하면 된다. 세안한 뒤에는 수건으로 닦지 말고 자연 건조시키는 것이 좋다. 미백 효과도 기대할 수 있다.

쌀뜨물의 미세한 입자가 피부의 각질을 제거

쌀뜨물은 피부 표면의 오래된 각질을 제거해 준다. 세안 후 1.5배의 뜨거운 물에 쌀뜨물을 붓고 얼굴 전체를 문지른 다음 미지근한 물로 헹구면 OK. 쌀을 씻어 바로 실행해 보자.

비누 갑에 고무줄을 감아 깨끗함을 유지

비누 갑 위에 비누를 직접 올려놓으면 바닥에 고인 물 때문에 비누가 미끌거린다. 그러나 비누 갑에 고무줄 2개를 감아 놓으면 언제나 깨끗한 비누로 세안할 수 있다.

피부의 윤기를 찾아 주는 노른자 클렌징 팩

화장을 지운 다음 계란 노른자에 밀가루를 섞은 '노른자 클렌징 팩'을 얼굴 전체에 얇게 펴 바른다. 1~2분간 그대로 두었다가 물로 헹구면 푸석푸석했던 피부에 윤기가 흐르고 생기가 돈다. 노른자 1개로 여러 번 이용할 수 있으므로 2~3일간 냉장고에 두고 사용한다.

▲ 계란 노른자 1개와 밀가루 2큰술을 골고루 섞어 얼굴 전체에 펴 바른다.

작아진 비누는 야채망에 넣으면 세정력이 향상

크기가 작아진 비누를 결이 고운 야채망에 넣고 고무줄로 입구를 묶으면 거품이 잘 일어난다. 거품 이 잘 일면 피부에 부드럽고, 남아 있는 피지와 땀을 흡수하는 세정 력이 향상된다.

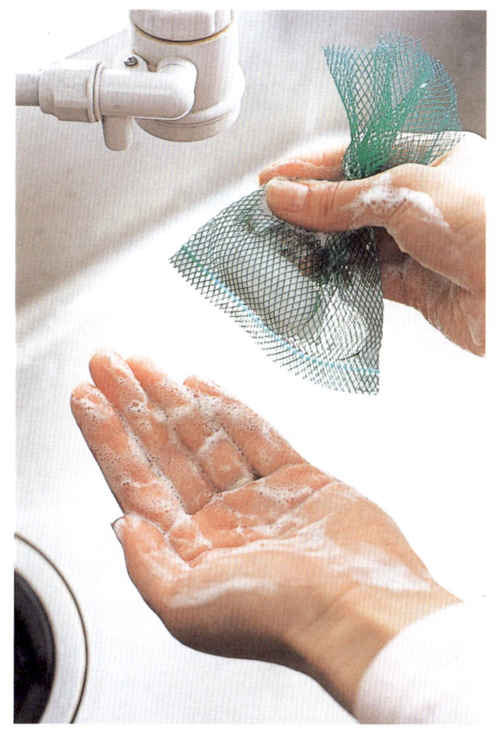

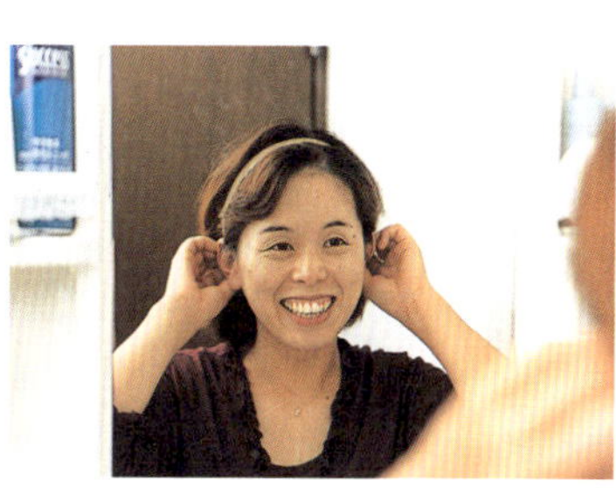

스크럽 효과로 모공을 청 소해 주는 커피 찌꺼기 비누

고형 비누의 표면에 커피 찌꺼기 (커피콩을 간 것)를 손으로 바른 다 음 거품을 내서 세안하면 커피 찌 꺼기의 스크럽 효과로 모공의 노 폐물이 제거되어 피부가 보들보 들해진다. 미백 효과도 기대할 수 있다.

낡은 팬티스타킹으로 헤어 밴드를 만든다

낡은 팬티스타킹의 허리 부분을 가위로 잘라 화 장 또는 세안 시에 헤어 밴드로 활용한다. 신축 성이 좋아서 쓰고 벗기가 편리하며, 물에 젖거나 더러워져도 신경 쓰지 않아도 된다. 휴대가 간편 하다는 것도 장점.

직접 만드는 화장수

1년 내내 사용할 수 있는 알로에 화장수

뽀루지나 기미 없는 탄력 있는 피부를 만들기 위한 알로에 화장수. 젤리 상태의 과육을 남김 없이 사용한다. 여름에는 햇빛에 그을려 붉어진 피부를 진정시키고, 겨울에는 촉촉함을 유지하게 해 준다. 1년간 상온에 보관할 수 있다.

여드름 예방과 진정에 효과적인 티백 화장수

뛰어난 살균 효과를 자랑하는 차 잎. 티백을 넣고 끓여서 식힌 화장수는 여드름 예방과 진정에 효과적이다. 홍차, 녹차, 허브차 등으로 만든 화장수를 얼굴에 바르는 순간 상쾌한 기분까지 만끽할 수 있다.

1. 알로에 300g과 25도짜리 소주 650㎖, 글리세린 65㎖를 준비한다.

2. 잘라 낸 알로에를 잘 씻어 홈집이 있는 부분을 빼고 5mm 정도로 자른다.

3. 밀폐 용기에 알로에를 넣고 소주를 붓는다. 녹색 알로에가 얼마 안 가 검은 빛을 띤다.

4. 어둡고 시원한 곳에 일주일간 보관한다. 액체가 거무스름해지면 글리세린을 첨가한다.

촉촉하고 뽀얀 피부를 위한 유자 껍질 화장수

비타민 C가 풍부한 유자 껍질에는 정유 성분과 펙틴 등의 당류가 함유되어 있어 보습·청정·미백 등의 효과를 기대할 수 있다. 유자 화장수에는 씨를 쓰는 것이 일반적이지만 껍질을 이용하면 더욱 가벼운 느낌이 든다. 밀폐 용기에 담아 두고 위에 뜬 액체를 작은 병으로 옮겨 사용하면 편리하다.

1. 저장 용기에 소주 300㎖와 녹차 3큰술을 넣고 4~5일간 두었다가 녹차를 꺼낸다. 글리세린 1작은술을 첨가해도 좋다.

2. 분무병에 담아 세안 후 얼굴에 듬뿍 뿌린다.

1. 2개분의 유자 껍질과 25도짜리 소주 500㎖, 글리세린 50㎖를 준비한다.

2. 유자는 잘 씻어서 껍질을 벗긴다. 갓 벗겨 낸 껍질을 사용하는 것이 포인트.

기미와 얼룩을 완화해 주는 녹차 화장수

노화 방지 효과가 있는 비타민 A·C·E를 풍부하게 함유하고 있는 녹차를 소주에 담가 만드는 녹차 화장수는 기미나 다크 서클 등을 완화해 주는 효과가 있다. 유통 기한이 지난 녹차 잎이라도 버리지 말고 활용한다. 좀 더 촉촉하게 만들고 싶을 때는 글리세린을 첨가한다.

3. 밀폐 용기에 재료를 넣고 상온의 그늘에 약 3주간 놓아두면 완성된다.

간편한 팩 만들기 ①

거칠어진 피부를 촉촉하게 해 주는 올리브 오일 팩

에어컨 바람이나 햇빛으로 인해 건조해진 피부를 촉촉하게 만들어 주는 올리브 오일. 외출 전날 미리 팩을 하면 다음 날 화장이 잘 먹는다. 자외선 차단 효과도 있어서 닦아 내지 않으면 선크림을 바른 것과 같은 효과가 있다.

▲ 계란 1개의 흰자를 손에 묻혀 눈과 입 주위를 제외한 얼굴 전체에 바른 다음 15~20분 뒤에 물로 헹군다.

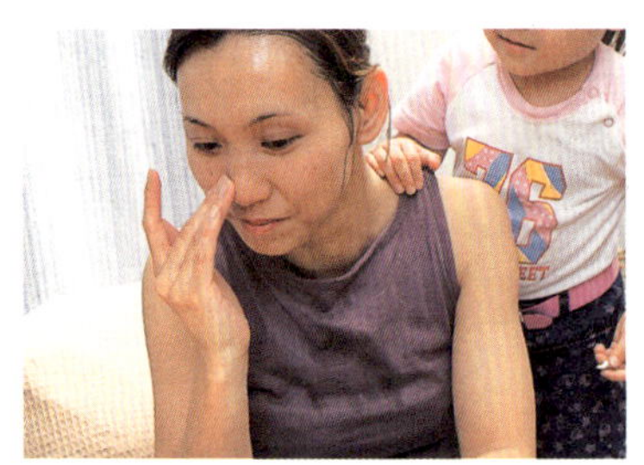

계란 흰자로 부드럽고 매끄러운 피부를 만든다

요리에 쓰고 남은 계란 흰자를 손에 묻혀 얼굴에 바르는 초간단 팩으로, 구석구석 잘 문지르는 것이 포인트. 피부가 약간 당기지만 물로 헹궈 내면 피부가 삶은 계란처럼 매끄러워진다.

1. 엑스트라 버진 올리브 오일 1/2작은술을 얼굴에 얇게 펴 바르고 마사지한다.

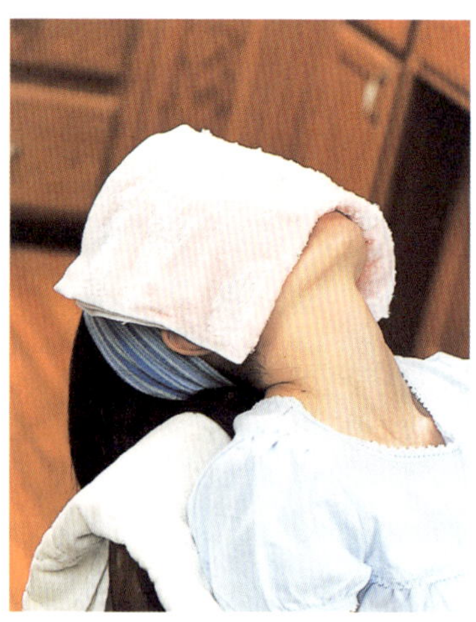

2. 얼굴에 스팀 타월을 1분간 올렸다가 스팀 타월로 가볍게 올리브 오일을 닦아 낸다.

오이 + 요구르트 팩으로 하얗고 부드러운 피부를 만든다

오이의 스크럽 효과와 요구르트의 미백 효과를 동시에 볼 수 있는 팩. 충분한 양을 만들어 얼굴뿐만 아니라 팔과 다리 등에도 바른다. 피부에 생기가 돌고 부드러워지며 미백 효과도 있다.

▲ 오이 1/3개를 강판에 갈아 플레인 요구르트 80㎖와 잘 섞는다. 눈과 입 주위를 제외한 얼굴 전체에 골고루 바른 다음 5분 뒤에 물로 헹군다.

▲ 우유 30㎖를 화장 솜에 묻혀 얼굴 전체에 붙이고 잠시 휴식을 취한다. 눈이 피로할 때는 눈꺼풀에 붙여도 된다.

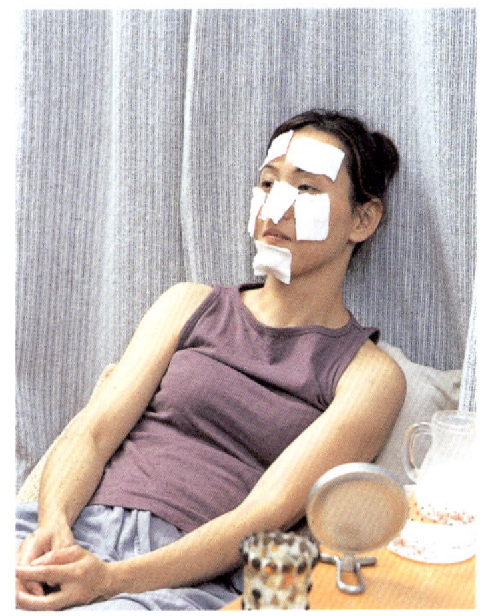

간단한 우유팩으로 촉촉한 피부를 만든다

냉장고에 있는 우유를 이용한 초간단 팩. 우유는 피부를 진정시키고 피로를 풀어 줄 뿐만 아니라 탁월한 보습 효과까지 있다. 화장 솜에 우유를 듬뿍 묻혀 얼굴 전체에 붙이면 피부가 금세 촉촉해진다.

햇빛에 그을린 자국과 기미에 효과적인 매실 씨 화장수

미백 효과가 뛰어난 매실로 화장수를 만들 수 있다. 냉장 보관하여 일주일 내에 다 쓸 수 있도록 집중 관리한다. 손바닥에 따라서 얼굴에 골고루 문지르면 된다. 사용감이 상쾌하여 여름철 미백 관리에 안성맞춤이다.

▲ 녹차 가루와 밀가루를 용기에 넣은 다음 핫케이크와 같은 농도로 물을 부어 반죽하여 얼굴에 바른다.

기미와 여드름에 효과적인 녹차 가루 팩

통 속에 남아 있는 녹차 가루와 밀가루를 물로 반죽하여 눈과 입가를 제외한 얼굴 전체에 골고루 바른 뒤 15분간 휴식을 취하고 미지근한 물로 헹궈 낸다. 기미를 막아 주고 피지를 흡수하는 작용이 있어서 여드름에도 효과적이다.

1. 매실 씨와 청주를 준비한다.

2. 매실 씨를 깨끗하게 잘 씻어 물기를 닦아 내고 소쿠리에 담아 하룻밤 정도 말린다. 매실 장아찌를 먹은 날에는 씨를 씻어서 따로 보관해 둔다.

3. 청주 100㎖에 씨를 담근 뒤 뚜껑을 덮어 일주일간 냉장고에 넣어 둔다. 거즈 등으로 걸러 깨끗한 용기에 옮겨 담는다.

싸고 안전하며 효과적인 쌀겨 + 밀가루 팩

예부터 여성들이 쌀겨를 피부 미용에 활용한 데는 그럴 만한 이유가 있었다. 쌀겨의 배아에 함유되어 있는 효소는 모공의 노폐물을 제거하고 피부의 물질대사를 활발히 하여 피부가 촉촉하고 윤기가 돌게 한다. 꼭 한번 시도해 보자.

1. 시판되는 쌀겨와 밀가루를 6 : 4의 비율로 준비한다.

2. 쌀겨와 밀가루를 섞은 다음 물을 부어 풀처럼 부드럽게 반죽한다.

3. 완성된 팩을 얼굴에 바르고 약 10분간 누웠다가 헹궈 내면 쌀겨의 스크럽 효과로 피부가 촉촉하고 뽀득뽀득해진다.

▲ 사과 1/4개를 강판에 갈아(수분이 많은 경우는 물기를 약간 짠다) 콩가루 1/4컵과 잘 섞는다. 마지막에 우유를 첨가해도 좋다. 일주일에 1회 정도 관리한다.

피부가 촉촉해지는 사과 + 콩가루 팩

피부가 처지고 주름이 생겨 고민일 때는 사과 + 콩가루 팩을 시도한다. 피부 노화 방지 효과가 있는 사과와 피부를 촉촉하게 해 주는 콩가루의 상승 작용에 의해 피부에 탄력이 돌아온다. 얼굴에 직접 얹기 어려우면 거즈를 대고 바른다.

집에서 머리를 자를 때는 비닐 봉지로 즉석 케이프를 만든다

집에서 아이의 머리를 잘라 줄 때는 큼직한 비닐 봉지로 즉석 케이프를 만든다. 비닐 봉지의 바닥에 직경 15㎝ 정도의 구멍을 뚫어 머리에 씌우면 완성.

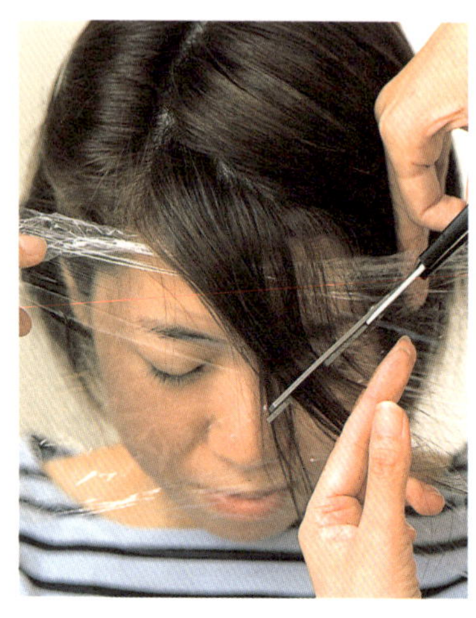

앞머리를 자를 때는 이마에 랩을 붙인다

앞머리를 자를 때 잘려진 머리카락이 눈에 들어가지 않도록 하기 위해서는 눈이 가려질 정도의 크기로 랩을 잘라 이마에 붙이면 된다. 직접 자를 때도 랩이 투명해서 가위 끝을 볼 수 있다.

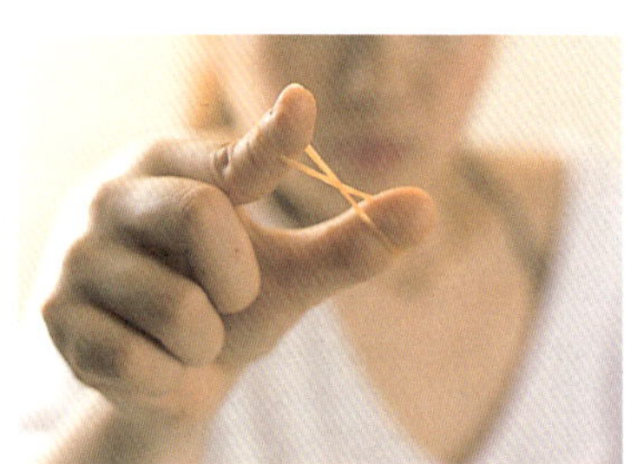

짧은 새치는 고무줄로 뽑는다

엄지와 검지에 고무줄 1개를 이중으로 감아 X표가 되도록 꼰 다음 고무줄과 함께 새치를 잡아 뽑는다. 고무줄의 마찰력 때문에 머리카락이 빠져나가지 못하므로 짧은 새치도 쉽게 뽑을 수 있다.

아이용 샴푸는 노즐에 고무줄을 감아 둔다

펌프식 샴푸와 린스의 노즐 부분에 고무줄을 감아 두면 세게 눌러도 절반밖에 나오지 않아 아이가 머리를 감을 때 낭비를 줄일 수 있다.

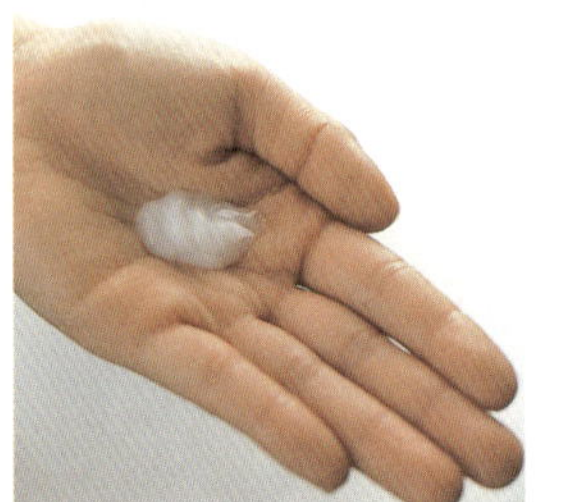

참기름과 굵은 소금으로 머리를 마사지

피부를 부드럽게 해 주는 참기름에 굵은 소금을 첨가한 오일로 두피를 마사지한 뒤에 샴푸로 머리를 감으면 혈액의 흐름이 좋아지고 피지도 깨끗하게 제거된다. 마사지는 손가락 끝으로 한다.

◀ 참기름은 향이 약하고 색이 연한 것이 좋다. 굵은 소금은 시판되는 일반 소금을 사용한다.

▶ 참기름 1큰술과 굵은 소금 1큰술을 잘 섞어 샴푸하기 전의 맨 살갗에 바르고 마사지한다.

▲ 계란 1~2개를 풀어 동량의 물과 베이비 오일 1방울을 넣고 잘 섞는다. 샴푸 전 머리카락 끝과 손상된 부분에 바르고 랩으로 감쌌다가 약 5분 뒤에 물로 헹군다.

계란 노른자로 헤어 트리트먼트를 만든다

트리트먼트 대신 계란 노른자를 머리에 바르면 놀랄 만큼 머리카락이 촉촉해지고 윤기가 흐른다. 주방에서 쓰고 남은 계란을 버리지 말고 꼭 한번 시도해 보자.

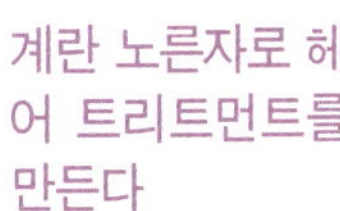

◀ 계란 노른자 1개를 풀어 참기름을 약간 넣어 잘 섞는다.

▶ 샴푸 후 머리에 꼼꼼히 바른 다음 물로 헹군다. 냄새가 신경 쓰이면 린스를 해도 좋다.

계란의 프로틴은 손상된 모발에 특효약

계란에 함유된 프로틴은 퍼머나 염색 등으로 손상된 머리를 회복해 준다. 비린내가 난다는 단점이 있긴 하지만 다음 날 손으로 만져지는 머리카락의 촉감은 평소와 전혀 다르다. 유통 기한이 지난 계란을 사용해도 부작용이 없다.

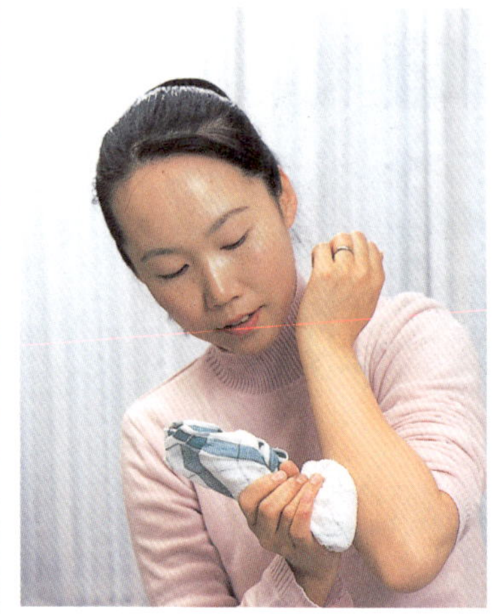

쌀겨를 수건으로 싸서 몸을 문지른다

'회춘 비타민' 이라 불리는 비타민 E가 풍부한 쌀겨를 수건에 싸서 몸을 문지르면 피부가 매끄럽고 촉촉해진다. 거칠어진 무릎이나 팔꿈치, 발꿈치 등은 집중 관리한다.

거칠어진 팔꿈치에는 계란 흰자를 거품 내어 바른다

계란 흰자를 거품 내서 팔꿈치 등의 거칠어진 부분에 바르면 피부가 놀랄 만큼 촉촉해진다. 팔과 다리뿐만 아니라 얼굴에도 시도해 보자.

올리브 오일 + 소금으로 각질 제거

올리브 오일과 적당량의 소금을 섞어 크림 타입으로 만들어 원을 그리듯이 문지르며 마사지한다. 오일 성분에 의해 피부가 촉촉해지고, 소금의 삼투압으로 노폐물과 수분이 몸 밖으로 배출된다.

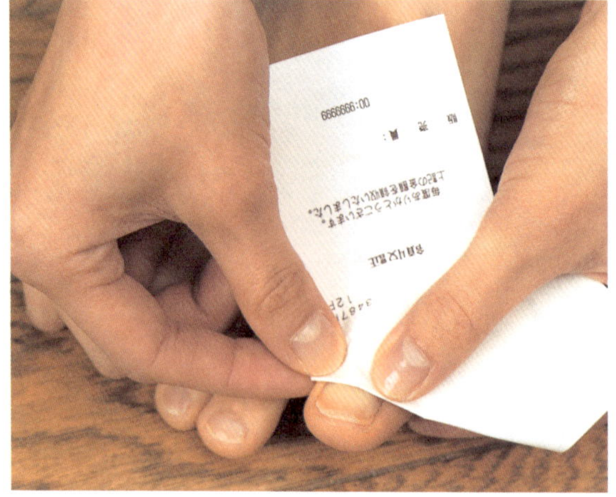

영수증으로 손톱과 발톱을 다듬는다

슈퍼마켓에서 받아 온 감열(感熱) 영수증에는 눈에 보이지 않는 미세한 요철이 있어 줄 대신 사용하기 안성맞춤이다. 가볍게 문지르면 마치 투명 매니큐어를 바른 것처럼 손톱에서 윤이 난다.

굵은 소금 마사지로 다리의 부기를 해소

샤워 후 몸이 따뜻해졌을 때 굵은 소금으로 다리 전체를 마사지한다. 아래쪽에서 위쪽으로 끌어올리듯이 마사지하면 혈액 순환이 좋아져 부기가 빠지고, 피부도 매끄러워진다.

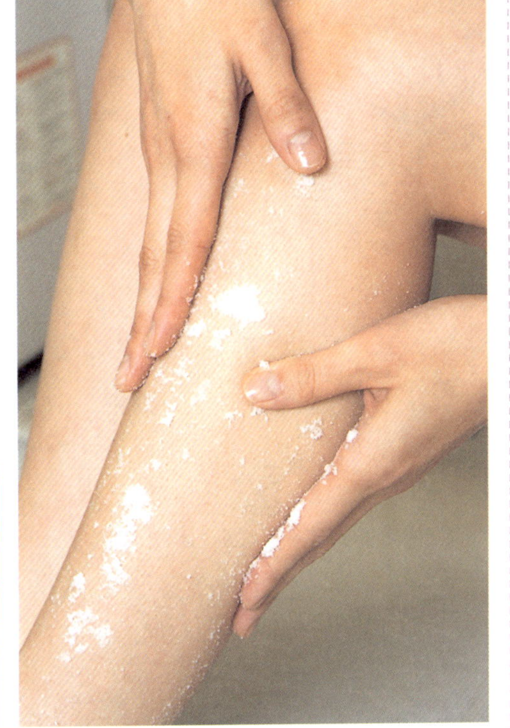

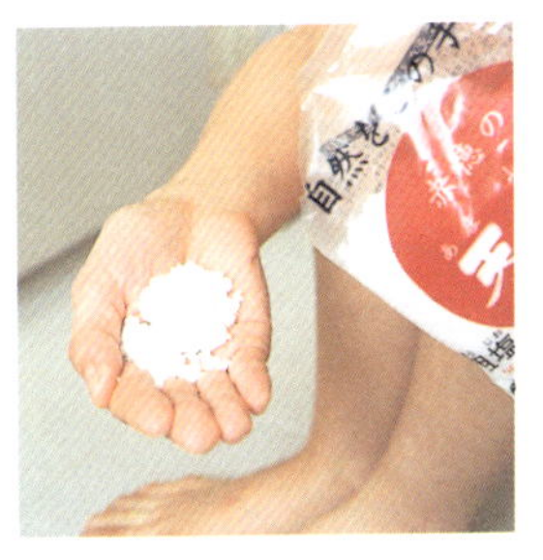

발꿈치 관리에는 랩 팩이 효과적

크림을 바른 발꿈치에 랩을 작게 잘라 붙인 뒤 양말을 신고 잔다. 다음날 아침이면 거칠었던 발꿈치가 놀랄 만큼 부드럽고 촉촉해진다. 샤워 후에 하면 더욱 효과적이다.

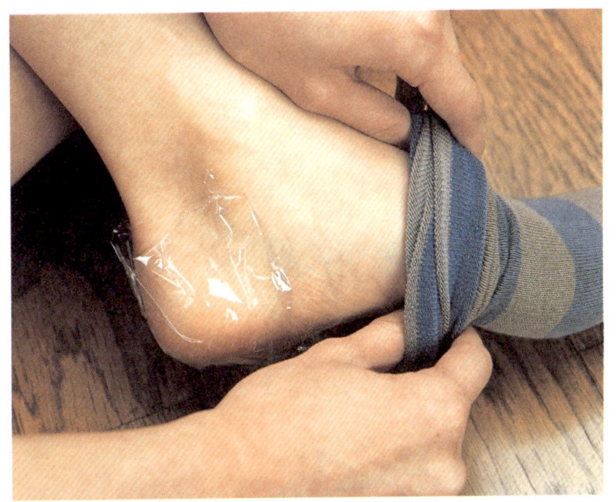

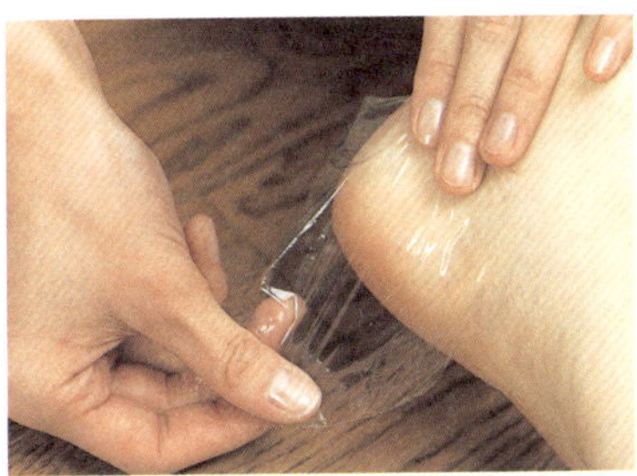

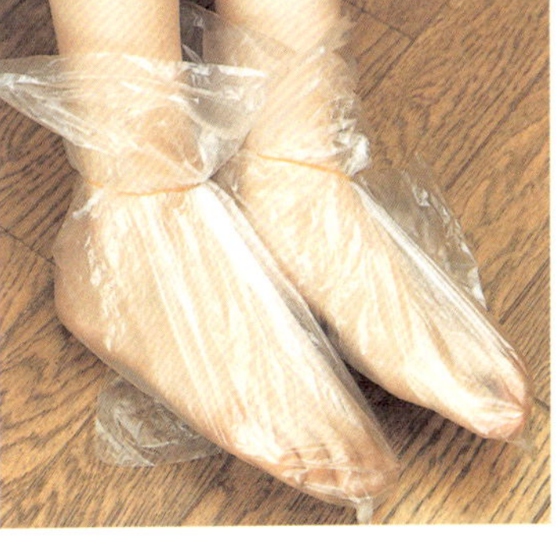

비타민 E가 풍부한 올리브 오일을 발꿈치에 바른다

샤워 후 비타민 E가 풍부한 올리브 오일을 약간 손에 묻혀 발꿈치에 바른다. 여기에 비닐 봉지를 씌우고 고무줄로 고정한 다음 3분간 그대로 둔다. 사우나 효과로 오일이 깊숙이 침투하여 피부가 촉촉하고 매끄러워진다.

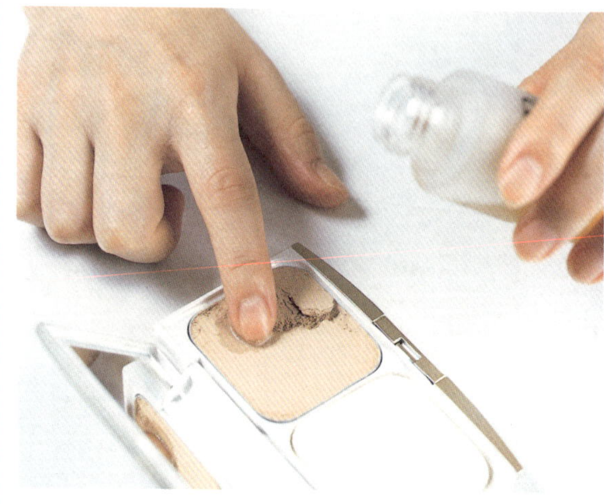

금이 간 파운데이션에는 화장수를 바른다

파우더 파운데이션에 금이 갔을 때는 부셔져서 지저분해지기 전에 화장수를 발라 해결한다. 깨진 부분에 화장수를 조심해서 발라 주기만 하면 원래 상태로 되돌아간다.

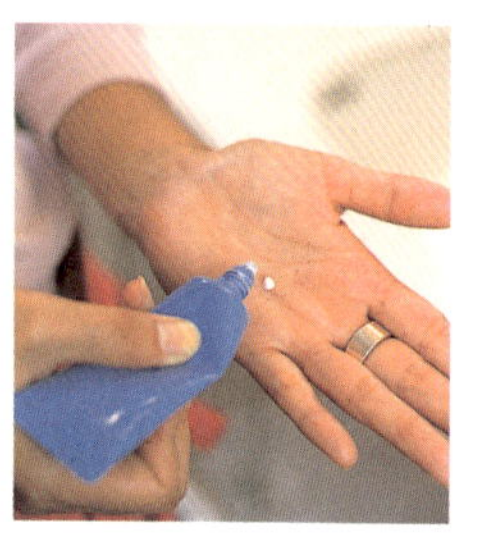

내용물이 나오지 않는 튜브는 흔들어서 사용

화장품 튜브에서 내용물이 나오지 않을 때는 공기를 넣은 다음 뚜껑을 덮고 아랫부분을 잡고 흔든다. 안쪽에 붙어 있는 내용물이 원심력에 의해 한쪽으로 쏠리게 하는 원리를 이용한 것이다. 최소한 5회는 더 쓸 수 있는 절약 노하우.

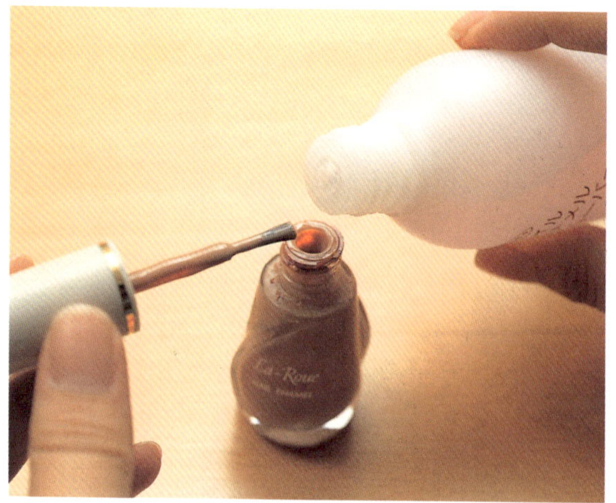

굳은 매니큐어는 제광액으로 되살린다

한동안 사용하지 않아 굳어 버린 매니큐어는 제광액을 조금씩 부어 브러시로 섞어 희석하면 원래 상태로 되돌아온다.

PART 9 | 건강

HEALTH

가족이 항상 건강한 것만큼 행복한 일은 없다. 갑자기 열이 나거나 감기 초기,

가벼운 상처로 인해 병원에 달려가기 전에 알아둬야 할 응급 처지법, 일상생

활에서 건강을 지키기 위한 지혜가 가득하다.

＊ 주의 사항

이번 장에 나온 건강법은 모두 응급 처치법이므로 증상이 심할 경우에는 반드시 의사의 진찰과 치료를 받도록 한다.

감기에 걸렸을 때는 녹차로 입 안을 헹궈 감기 균을 퇴치

감기에 걸려 잘 낫지 않을 때는 자주자주 녹차로 입 안을 헹구는 것이 좋다. 이렇게 하면 녹차에 함유된 카테킨 성분 덕분에 감기에 잘 걸리지 않는 체질로 바뀐다.

카테킨이 풍부한 홍차로 입 안을 헹구면 감기 예방

홍차에 함유된 카테킨의 살균 작용은 목의 통증을 완화해 주는 역할도 한다. 홍차에 설탕을 약간 타 주면 아이도 맛있게 마신다. 감기 예방 효과도 기대할 수 있으므로 외출했다가 돌아온 뒤에는 홍차로 입 안을 헹구는 습관을 들이도록 한다.

마늘의 매운맛 성분이 목의 통증을 완화

얇게 저민 생마늘 2~3쪽을 컵에 넣고 물을 부은 뒤 입 안을 헹군다. 약간 매운맛이 나기는 하지만 바로 이 매운맛 성분이 균을 퇴치하여 목의 통증을 가라앉혀 준다.

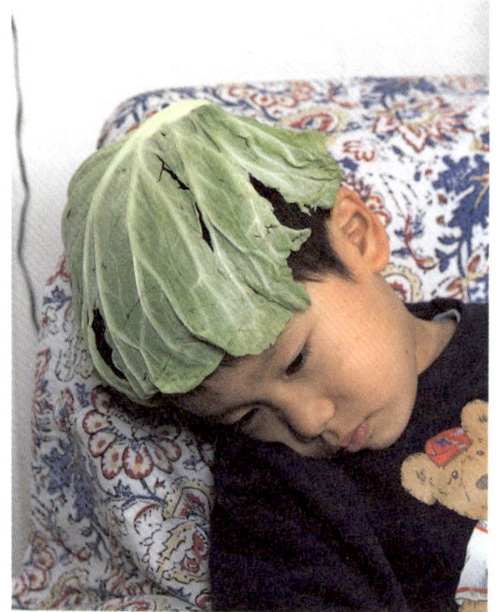

아이가 갑자기 열이 날 때는 양배추로 응급 처치

갑자기 아이의 머리에서 열이 날 때는 축축한 양배추의 바깥 잎을 머리에 씌운다. 양배추가 바짝 마를 때까지 씌워 두면 기화열이 발생해 열이 내려간다. 머리 전체를 감쌀 수 있는 효과적인 응급 처치법.

물에 적셔 얼린 신문지 보냉제로 열을 식힌다

15cm 크기로 접은 신문지를 물에 적셔 비닐 봉지에 넣어 냉동실에 보관한다. 반나절만 있으면 간편한 보냉제가 완성된다. 아이스박스뿐만 아니라 갑자기 열이 날 때 수건으로 감싸서 열을 식히는 데 사용할 수도 있다.

소주의 알코올 성분이 혈액 순환을 촉진

목이 아플 때는 수건에 소주를 몇 방울 떨어뜨려 목에 감는다. 알코올 성분이 혈액 순환을 원활하게 하여 목의 통증이 차츰 사라진다. 또한 알코올의 증기로 인해 코 막힘도 해소된다.

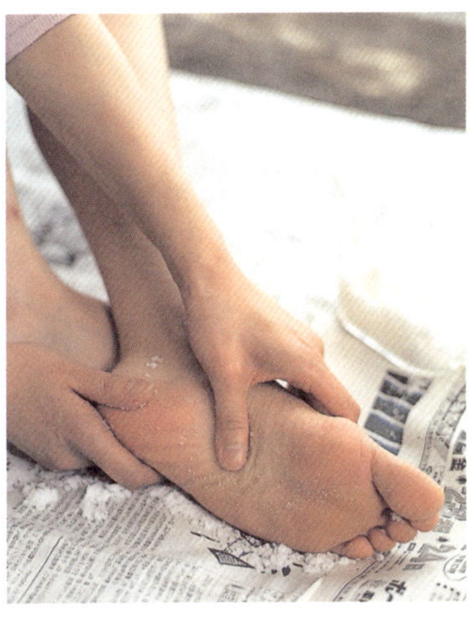

감기 초기에는 발바닥을 소금으로 문지른다

감기에 걸린 것처럼 몸이 나른할 때는 소금 1큰술로 발바닥을 세게 문지른 다음 잠자리에 든다. 이렇게 하면 혈액 순환이 좋아져 숙면을 취할 수 있어 다음날 몸이 가뿐하다. 발바닥이 촉촉하고 부드러워지는 것은 덤.

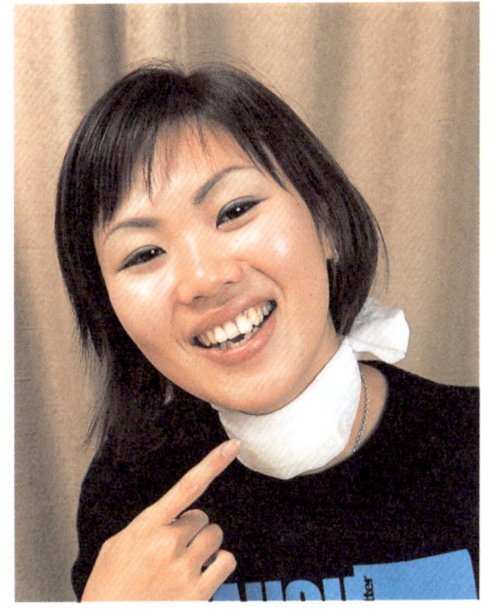

목을 따뜻하게 하고 열을 내려 주는 밀가루 소주 습포

밀가루 5큰술과 소주 2~3큰술을 섞어 반죽한 다음 랩으로 싸서 넙빤지 모양을 만들어 천에 싸서 목에 감는다. 목을 따뜻하게 해 줌과 동시에 몸의 열을 내려 준다. 밀가루가 마를 때까지 사용한다.

붉은 고추의 캡사이신이 목의 통증을 완화

감기에 걸려 목이 아플 때는 몸을 따뜻하게 해 주는 붉은 고추 2~3개를 천으로 싸서 목에 감고 안정을 취한다. 매운맛 성분인 캡사이신이 혈액 순환을 원활하게 하여 목의 통증이 차츰 완화된다.

깜짝 감기 퇴치법 ②

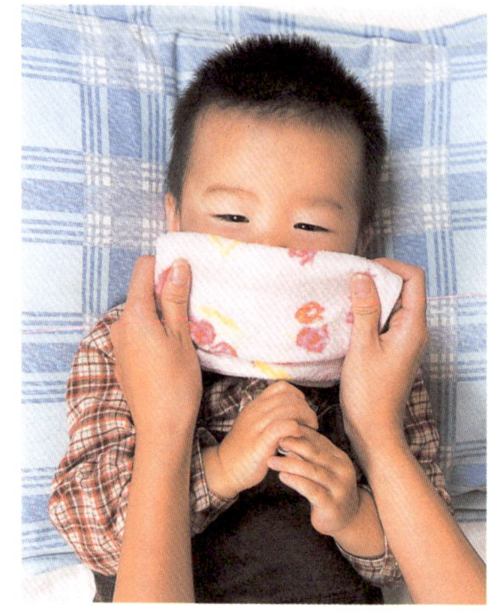

코가 막혔을 때는 젖은 수건을 코에 대고 심호흡을 한다

코가 막혔을 때는 건조해지지 않도록 적당한 수분을 공급하는 것이 중요하다. 젖은 수건을 코에 대고 몇 차례 심호흡만 해도 코 속에 적당한 습기가 제공되어 코 막힘 증상이 해소된다.

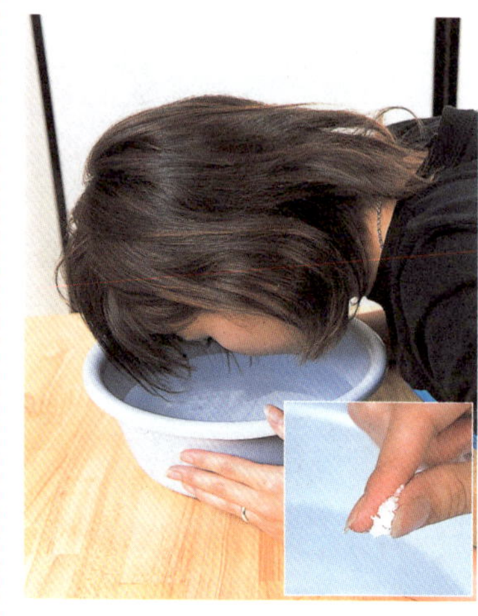

코가 막혔을 때는 소금물로 코를 헹군다

대야에 미지근한 물을 붓고 소금 1~2큰술을 넣은 다음 얼굴을 대고 코로 소금물을 마셨다가 입으로 내보내는 동작을 5회 정도 반복한다. 이렇게 하면 콧구멍에 남아 있던 콧물이 완전히 배출되어 호흡이 편안해진다.

콧구멍에 파를 끼워 코 막힘을 해소

코가 막혔을 때 가장 효과적인 방법. 콧구멍에 적당한 굵기로 자른 파를 끼워 넣고 약 10분 정도 기다린다. 흐르는 콧물을 억제하는 데도 효과가 있다.

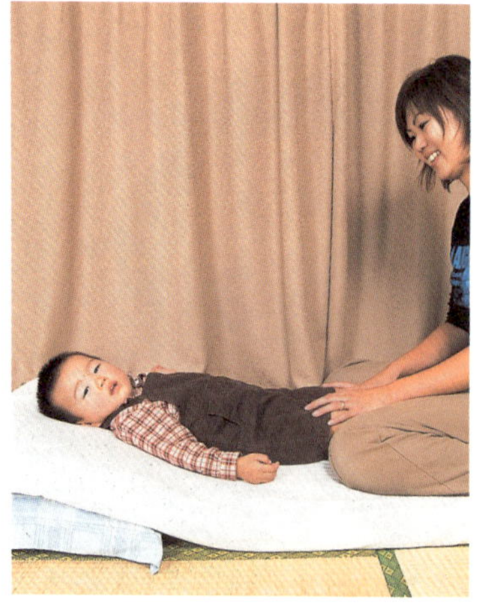

상체를 받쳐 호흡하기 쉬운 자세로 숙면을 취한다

감기에 걸리면 숙면을 취해야 하는데, 콧물과 가래 때문에 누워 있기가 힘들 때는 이불 밑에 방석 등을 접어 넣어 상체를 받치게 한다. 이렇게 하면 호흡하기 쉬운 자세가 되어 숙면을 취할 수 있다.

방에 홍차를 뿌려 균을 죽이고 습기를 제공

살균 작용을 하는 카테킨이 풍부한 홍차를 분무기에 넣어 방에 골고루 뿌리면 감기 바이러스를 퇴치할 수 있다. 방에 적당한 습기를 제공해 주는 효과도 있어 일석이조.

간단히 만들 수 있는 식초 생강으로 감기를 예방

살균 효과가 뛰어난 식초와 몸을 따뜻하게 해 주는 생강을 이용한 '식초 생강'. 맛이 좋은 데다 감기 예방 효과도 뛰어나므로 냉장고에 항상 준비해 두고 섭취한다.

▼ 병에 저민 생강과 뜨거운 물, 식초를 넣는다. 뜨거운 물과 식초의 비율은 2 : 1이며, 취향에 따라 벌꿀을 첨가해도 좋다. 식으면 냉장고에 보관해 두고 꾸준히 먹는다. 반나절 뒤에 먹을 수 있다.

목의 통증과 기침에 좋은 무 + 벌꿀

무의 매운맛 성분이 갖고 있는 살균력과 짓무름 증상을 완화해 주는 벌꿀의 효능을 이용한다. 1cm로 깍둑썰기한 무를 용기에 넣고 벌꿀을 넉넉히 부은 다음 30분 이상 둔다. 우러나온 국물과 무를 함께 먹으면 된다.

벌꿀의 미네랄과 레몬의 비타민으로 감기 증상을 완화

미네랄이 풍부하여 목에 좋은 벌꿀과 비타민 C가 풍부한 레몬을 재서 먹으면 목의 통증과 기침이 완화된다. 새콤달콤한 맛이 나기 때문에 어린 아이들도 잘 먹는다.

목이 아프거나 피곤할 때는 검은 식초와 벌꿀로

피를 맑게 하며 피로 회복에 좋은 검은 식초 1큰술과 벌꿀을 적당량 컵에 넣어 물로 희석해 마시면 목의 통증이 완화되고 피로가 가신다. 하루 2잔이 기준이며, 자극적이므로 공복에는 피한다.

마늘 + 생강 + 무 + 된장 끓인 물로 감기를 퇴치

마늘, 생강, 무, 된장처럼 몸을 따뜻하게 하는 재료를 넣고 끓인 물을 뜨거울 때 마시면 온몸에서 땀이 나면서 기침이 멎는다. 자기 전에 마시는 것이 효과적이다.

* 냄비에 물 1컵을 붓고 끓인 다음 생강과 마늘, 강판에 간 무 각 1작은술과 된장 1큰술을 넣는다. 뜨거울 때 마신다.

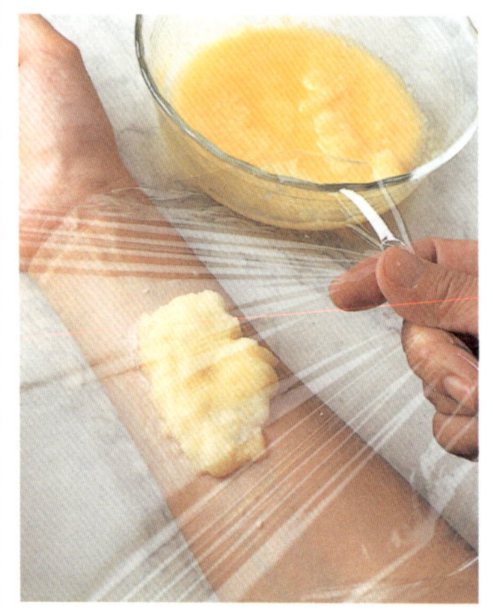

화상을 입었을 때는 감자로 습포

감자는 소염 · 해독 · 진통 효과가 있다. 껍질을 벗긴 감자를 강판에 갈아 꼭 짜서 덴 상처 위에 얹는다. 랩이나 양배추 잎으로 감싸서 수분의 증발을 막아 주면 응급 처치 완료.

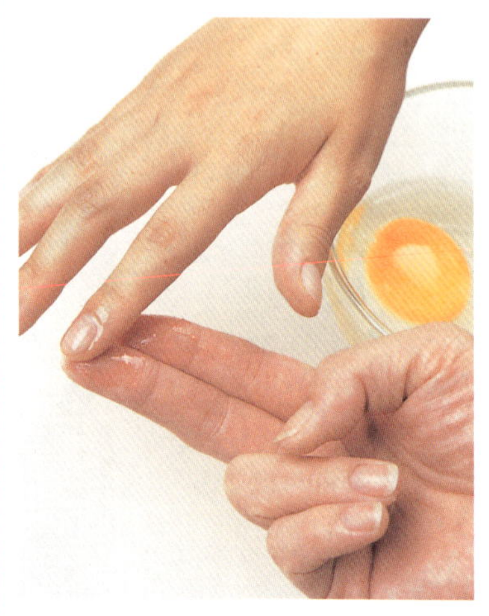

가벼운 화상에는 계란 흰자 팩으로 피부를 보호

계란 흰자는 데인 피부를 보호하고 재생을 촉진한다. 흰자를 바르면 화농과 수포가 터지는 것을 막을 수 있다. 계란은 피부와 같은 단백질이기 때문에 놀랄 만큼 피부에 잘 스며든다.

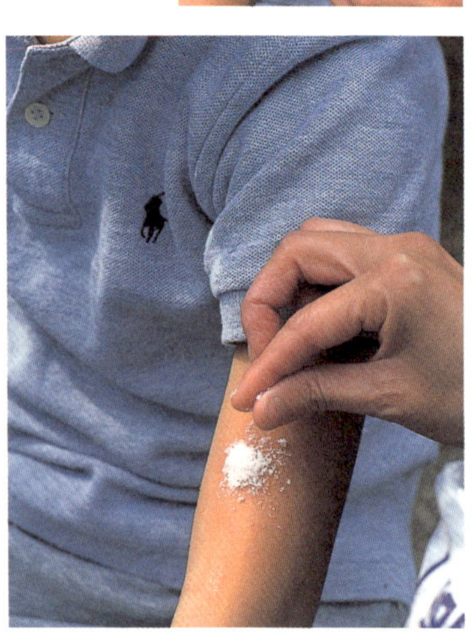

벌레 물린 데는 소금을 발라 통증과 가려움을 억제

가볍게 벌레 물린 자국에는 염증을 억제하고 가려움을 진정시키는 성분이 들어 있는 소금을 바른다. 심하게 부어 올랐을 때는 피부에 물을 묻혀 소금을 5mm 정도 크기로 얹은 다음 반창고를 붙인다.

염좌(捻挫)에 효과적인 밀가루 + 식초 습포제

밀가루가 들어간 습포제는 반죽이 마르면서 열을 내리는 작용을 한다. 환부의 크기에 맞게 자른 면포에 밀가루와 식초를 섞어 마요네즈와 비슷한 점도가 되도록 반죽한 것을 얇게 발라 환부에 붙이면 통증이 가라앉는다.

계란의 얇은 껍질은 찰과상과 창상의 즉효약

가벼운 찰과상이나 베인 상처의 응급 처치에는 계란의 얇은 껍질을 이용한다. 상처가 빨리 아물고 흉터도 거의 남지 않는다. 단, 삶은 계란은 효과가 없다.

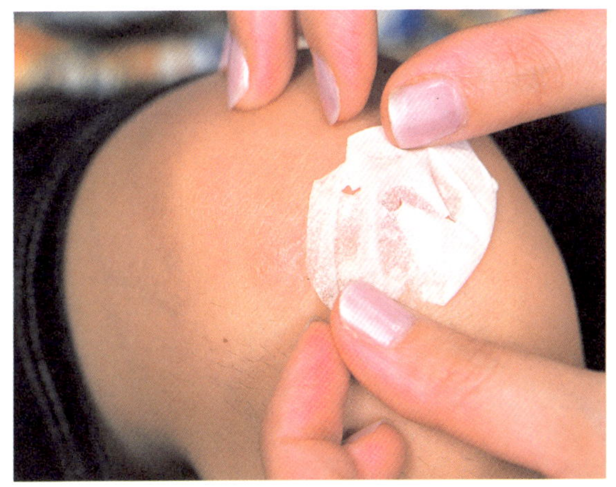

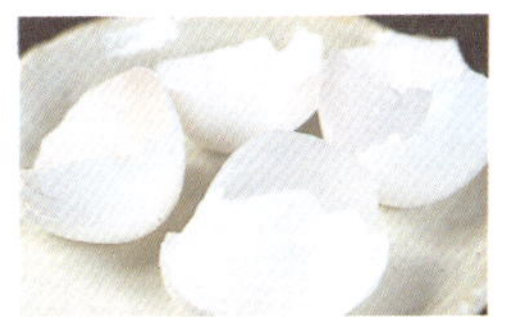

1. 날계란의 껍질 안쪽에 붙어 있는 얇은 껍질을 벗긴다. 신선한 계란일수록 잘 벗겨진다.

2. 쉽게 찢어지므로 계란을 깬 단면을 분리해 긁어낸 다음 살짝 잡아당긴다.

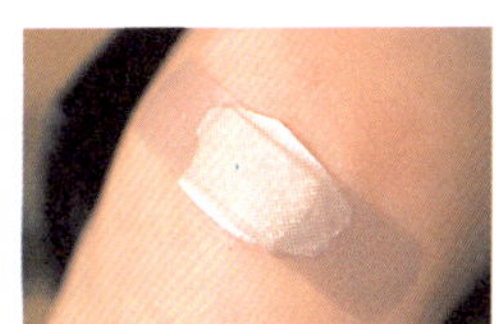

3. 미끌미끌한 면을 상처에 대고 반창고를 붙인다. 반나절 정도 붙여 둔다.

마늘 즙으로 상처를 소독하면 빨리 아문다

마늘을 강판에 갈아 만든 즙에 4~5배의 물을 타서 희석한 액체에 거즈를 담가 상처에 붙이면 살균·소독 효과를 볼 수 있다. 조금 따끔거리더라도 참고 처치를 계속하면 상처가 빨리 아문다.

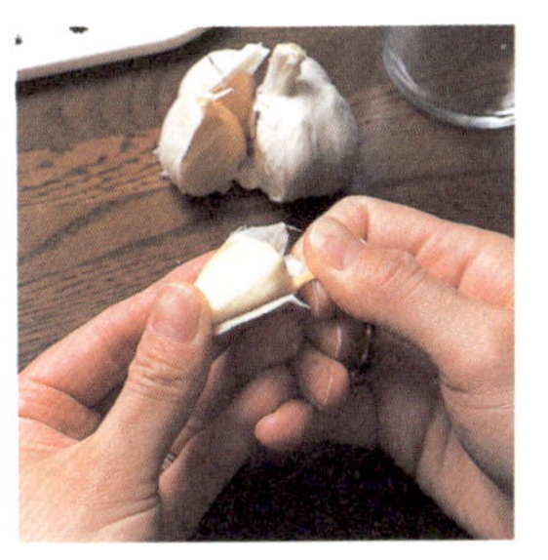

◀ 마늘과 거즈를 준비한다. 마늘 2~3쪽을 준비해 껍질을 벗겨 둔다.

▶ 마늘을 강판에 갈아 거즈로 싸서 즙을 내어 물에 희석한다. 가벼운 상처라면 물을 많이 섞는다.

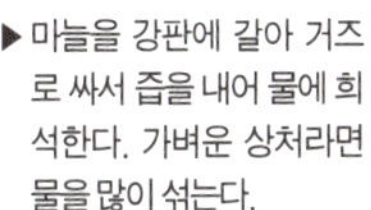

반창고를 뗄 때는 베이비 오일을 바른다

점착력이 강한 반창고를 아프지 않게 떼어 내고 싶을 때는 반창고 위에 베이비 오일을 바른 뒤 잠시 동안 기다렸다가 떼면 된다.

홍차로 눈에 팩을 한다

우려낸 홍차 티백을 가볍게 짜서 눈꺼풀에 5~
10분간 얹어 놓으면 놀랄 만큼 눈이 상쾌하고 시
원해진다. 겨울철에는 따뜻할 때 사용하면 더욱
효과적이다.

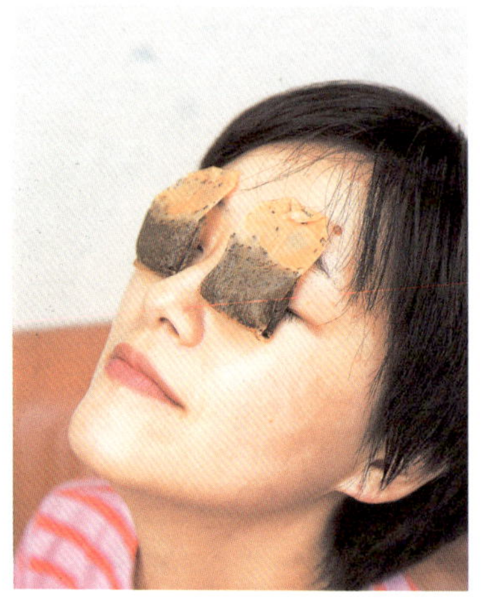

눈이 피로할 때는 차의 김을 쐰다

찻잔에 차를 따른 다음 그 위에 눈을 대고 김을
쐬면서 잠시 휴식을 취하면 차의 항기와 카페인
성분에 의해 눈의 피로가 사라진다. 눈이 편안해
지는 동시에 어깨 결림 증상도 완화된다.

▲ 스푼의 뒷면을 안약 용기에 대고 스푼의 끝이 용기보
다 5~8mm 튀어나오도록 반창고를 붙여 고정한다.

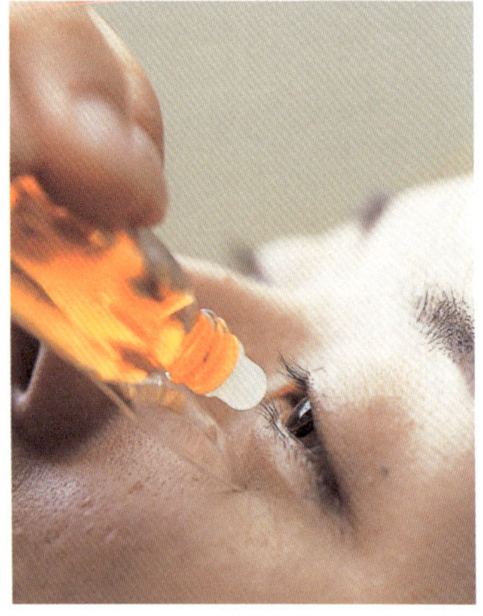

스푼을 붙이면 안약을 정확하게 점 안할 수 있다

플라스틱 스푼을 안약 용기에 붙여 눈 밑에 대고
점안하면 한번에 성공할 수 있다. 익숙해질 때까
지는 스푼을 대는 위치를 거울로 확인하는 것이
좋다.

입냄새 방지는 요구르트 + 녹차

유산균과 녹차의 카테킨은 입냄
새 방지 효과가 있으므로 플레인
요구르트에 녹차 가루 1작은술을
타서 먹는다. 튀김을 먹은 뒤라면
기름 냄새가 사라질 정도. 그래도
식후 양치질은 잊지 말아야 한다.

콩가루 + 우유로 변비를 해결

변비가 심할 때는 우유 200㎖에 콩가루 3큰술을 타서 마신다. 콩가루에 함유된 풍부한 식이섬유의 작용으로 변비가 해소된다. 우유는 훌륭한 영양 식품이므로 매일 마시는 습관을 들이는 것이 좋다.

식초물에 발을 담가 발 냄새를 제거

대야에 물을 붓고 식초 1작은술을 첨가한 다음 발을 담그면 발 냄새가 사라진다. 여름철과 외출했다 돌아온 뒤에는 식초물에 발을 담그는 습관을 들이도록 한다.

매실 장아찌와 녹차로 입냄새 제거

알칼리성인 매실 장아찌는 살균 효과가 크기 때문에 입냄새 예방에 좋다. 또한 위장을 정화해 주므로 위(胃)에서 올라오는 입냄새 제거에도 효과적이다. 녹차와 함께 먹으면 카테킨의 작용까지 추가되어 효과가 더욱 상승한다.

소금을 넣은 엽차를 마시면 취기가 감소

엽차에 함유된 탄닌은 염증을 가라앉혀 주고, 소금은 해독 · 정혈 작용을 한다. 따라서 엽차에 소금을 타서 마시면 취기가 빨리 가신다. 입 안을 헹구면 감기도 예방할 수 있다.

소금 마사지로 잇몸을 관리

소금을 손가락에 약간 묻혀 잇몸을 마사지한다. 소금의 살균 · 소염 작용과 수축 효과로 인해 잇몸이 튼튼해진다. 잇몸에 염증이 생겼을 때 소금으로 마사지하면 통증이 완화된다.

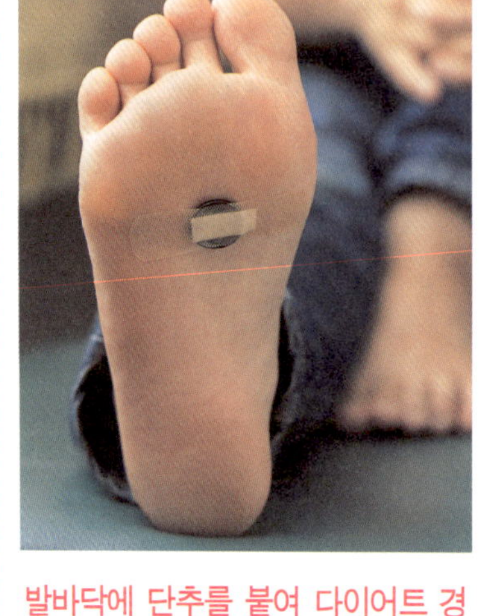

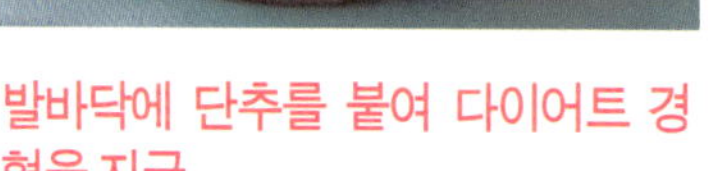

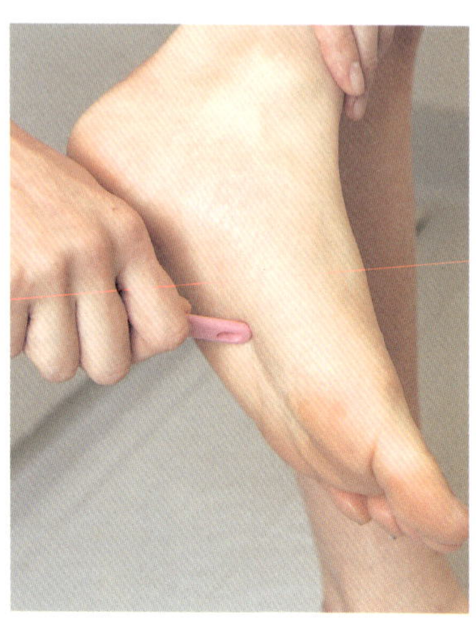

발바닥에 단추를 붙여 다이어트 경혈을 자극

두 번째 발가락에서 4~5㎝ 밑에 있는 '용천(湧泉)'이라는 경혈에 사용하지 않는 단추(직경 15~20㎜)를 반창고로 고정하면 다이어트에 효과가 있다. 하루 종일 붙여 놓아도 좋다.

낡은 칫솔로 발바닥의 경혈을 자극

낡은 칫솔의 자루를 이용하여 발바닥의 경혈을 자극한다. 손에 쥐기도 쉽고, 손가락으로 누르는 것보다 강한 힘이 들어가 효과가 커진다. 욕조에 몸을 담근 상태에서 하면 가장 효과적이다.

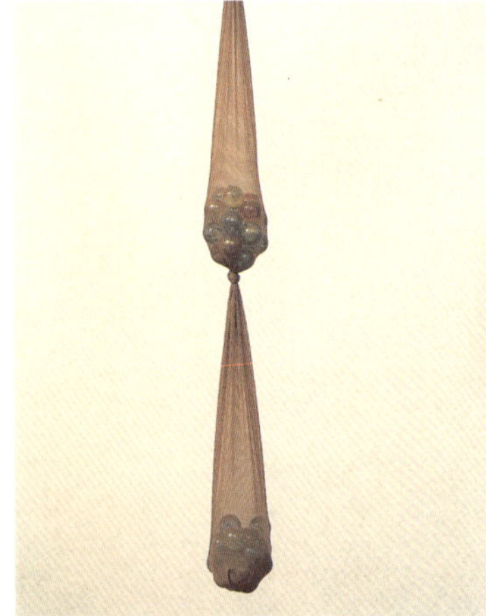

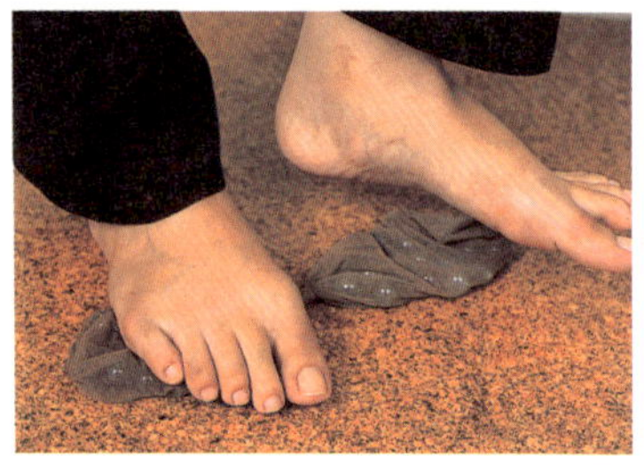

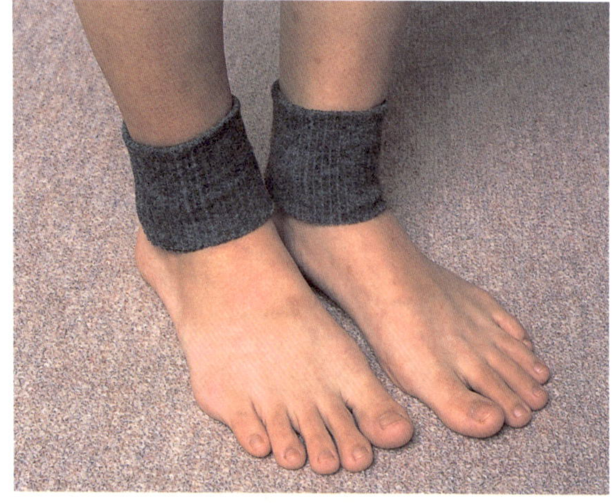

구슬을 밟아 발바닥에 자극을 주면 하루의 피로가 풀린다

낡은 팬티 스타킹에 구슬 20개 정도를 넣고 15㎝ 지점에서 묶은 다음 같은 요령으로 구슬을 넣고 남은 부분은 잘라 낸다. 맨발로 구슬을 밟아 발바닥의 경혈을 자극하면 혈액 순환이 좋아져 쉽게 피로를 풀 수 있다.

발목 양말로 경혈을 따뜻하게 하여 발의 피로와 부종을 해소

낡은 양말의 발꿈치와 위쪽 끝부분을 잘라 낸 다음 원통 모양이 된 양말을 한 번 접어 안쪽 복사뼈 밑에 있는 '조해(照海)'라는 경혈을 감추듯이 신는다. 이렇게 하면 전신이 따뜻해져 부종과 냉증이 해소된다.

증상별로 효과가 있는 경혈의 위치

식욕 부진
관충(關衝) : 약지의 손톱이 시작되는 곳의 소지 쪽 모서리.

새치
두정점(頭頂点) : 중지의 두 번째 관절에 있는 안쪽 가로 주름 끝.

몸이 여윌 때
액문(液門) : 가볍게 주먹을 쥐었을 때 중지와 약지 사이에 튀어나오는 뼈와 뼈 사이의 조금 아래.

위통
외로궁(外勞宮) : 가볍게 주먹을 쥐었을 때 검지와 중지 사이에 튀어나오는 뼈와 뼈 사이의 조금 아래.

두통
소택(少澤) : 소지의 손톱이 시작되는 곳의 바깥쪽 모서리.

하반신이 여윌 때
상양(商陽) : 검지의 손톱이 시작되는 곳의 엄지 쪽 모서리.

생리통
합곡(合谷) : 손가락을 붙이고 손을 폈을 때 생기는 엄지와 검지 사이의 볼록 튀어나온 부분.

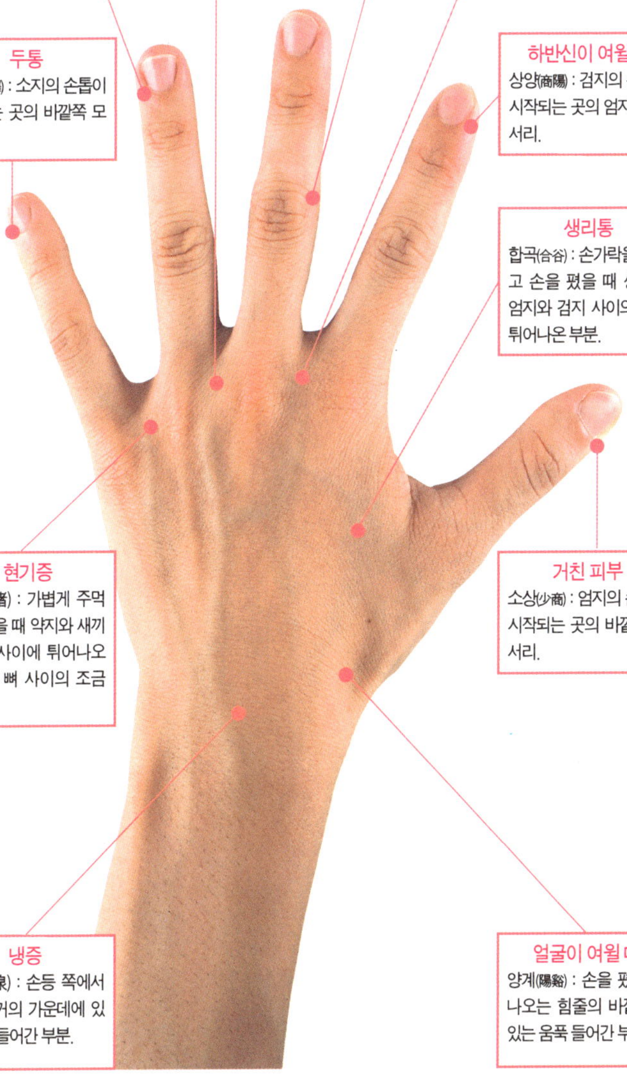

현기증
중저(中渚) : 가볍게 주먹을 쥐었을 때 약지와 새끼손가락 사이에 튀어나오는 뼈와 뼈 사이의 조금 아래.

거친 피부
소상(少商) : 엄지의 손톱이 시작되는 곳의 바깥쪽 모서리.

냉증
중천(中泉) : 손등 쪽에서 손목의 거의 가운데에 있는 움푹 들어간 부분.

얼굴이 여윌 때
양계(陽谿) : 손을 폈을 때 나오는 힘줄의 바깥쪽에 있는 움푹 들어간 부분.

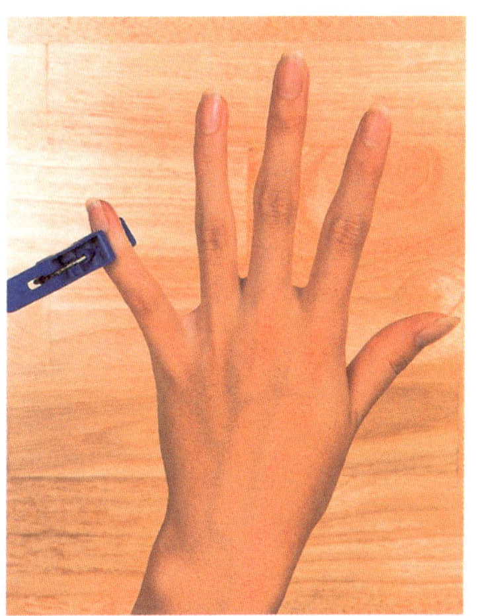

빨래 집게로 손바닥과 손가락 끝의 경혈을 자극

손바닥과 손가락 끝에는 여러 가지 증상 해소에 효과가 있는 경혈이 모여 있다. 증상에 맞는 경혈을 빨래 집게로 집어 주면 적당한 자극이 가해져 효과가 커진다. 1회 3초 정도가 기준이며, 아플 때는 다른 빨래 집게로 다시 시도한다.

몸이 찰 때는 생강을 넣은 홍차를 자주 마신다

뜨거운 홍차에 강판에 간 생강 1작은술을 넣고 섞어 마시면 된다. 홍차의 테아플라빈 성분이 대사를 촉진하고, 생강의 진저론이 혈액 순환을 원활하게 하여 몸을 따뜻하게 해 준다. 하루에 5~6잔이 기준.

엽차에 매실 장아찌와 생강을 넣어 마신다

뜨거운 엽차에 매실 장아찌와 강판에 간 생강을 넣어 마시면 몸이 따뜻해진다. 포인트는 갓 간 생강을 사용해야 한다는 것. 매실 장아찌의 과육까지 먹으면 더욱 효과적이다.

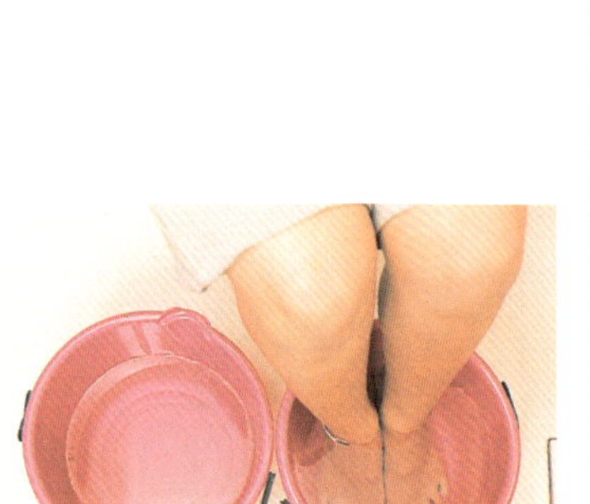

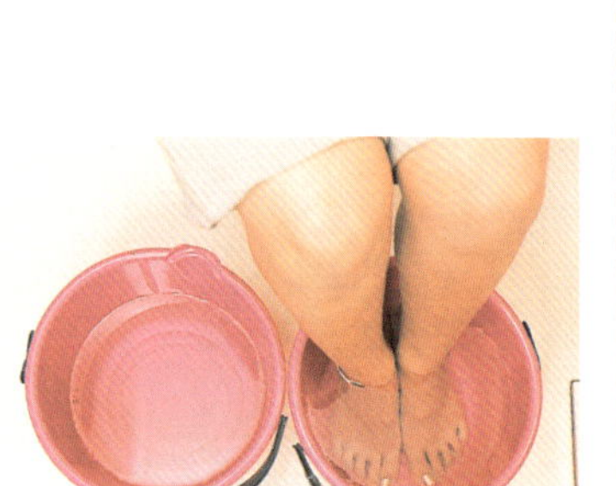

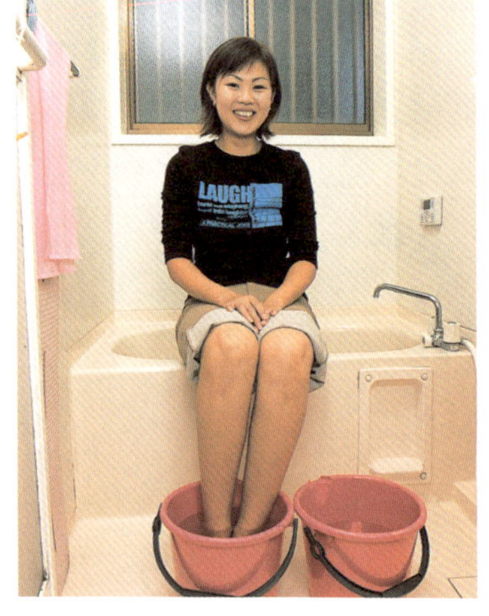

혈액 순환을 촉진하는 온냉 족욕

2개의 통에 43℃ 전후의 뜨거운 물과 찬물을 각각 준비한다. 먼저 뜨거운 물에 발을 담근 다음 발이 따뜻해지면 찬물에 담근다. 이 과정을 몇 번 반복하면 혈액 순환이 좋아져 몸속이 따뜻해진다.

귤 껍질을 욕조에 담그면 몸속부터 따뜻해진다

낡은 스타킹이나 야채망에 말린 귤 껍질을 넣어 욕조에 담근다. 이렇게 하면 몸속부터 따뜻해질 뿐만 아니라 감귤류의 상큼한 향기가 몸과 마음에 안정을 주고 피부도 매끄러워진다.

소금 목욕으로 몸을 따뜻하게 하고 감기를 예방

욕조에 소금을 한줌 넣고 몸을 담그면 소금의 발한 작용으로 평소보다 땀이 많이 난다. 목욕 후에도 한기가 들지 않아 그대로 잠자리에 들면 숙면을 취할 수 있다. 감기도 낫게 해 준다.

PART 10 | 재활용

RECYCLE

살림을 하는 주부는 물건을 잘 버리지 못하는 습관이 있다. 지금은 사용하지 않더라도 언젠가는 쓸 것 같아서, 버리기가 아까워서 등등 이유도 다양하다.

이번 장에서는 우유팩이나 광고지, 신문지 등을 버리기 전에 알뜰하고 슬기롭게 재활용할 수 있는 아이디어를 모아 보았다.

뒷면끼리 서로 붙어 버린 우표는 냉장고에 넣어 떼어 낸다

뒷면끼리 붙어 버린 우표는 무리해서 떼면 찢어질 수 있다. 그대로 냉장고에 반나절에서 하루 정도 넣어 두면 점착 부분이 차가워지면서 마르기 때문에 쉽게 떼어 낼 수 있다.

영수증 뒷면에 쇼핑 목록을 메모

그날 발급받은 영수증 뒷면에 다음 날 구입할 물건을 메모해 둔다. 앞면을 보면 이미 구입한 물건을 알 수 있기 때문에 충동 구매를 막을 수 있다. 지갑에 쏙 들어가는 것도 장점.

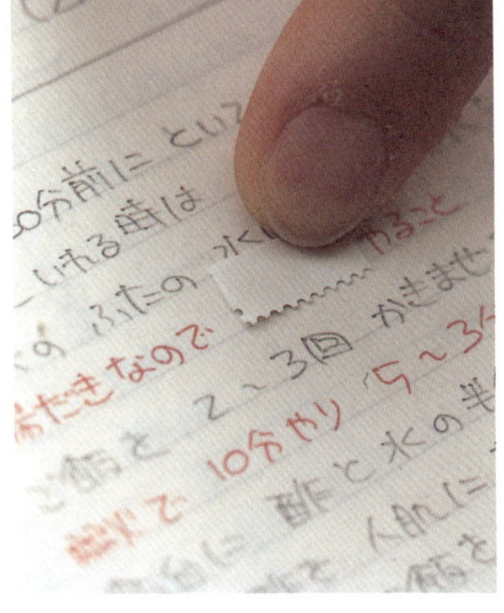

우표의 흰 여백 부분이 수정액 역할을 한다

우표 시트 가장자리의 흰 여백 부분을 수정액 대신 사용한다. 수정할 부분의 크기에 맞춰 자를 수 있는 데다 따로 풀을 붙이지 않아도 되기 때문에 편리하다. 연필로도 글씨가 잘 써진다.

망친 엽서에 마음에 드는 그림을 붙여 그림 엽서를 만든다

쓰다가 망치거나 아이가 낙서해 놓은 엽서는 우체국에서 수수료를 주고 교환하는 것보다 잡지 등에서 마음에 드는 사진이나 그림을 오려 붙여 그림 엽서를 만드는 것이 좋다. 색상이 진한 사진을 붙이면 뒤쪽이 비치지 않는다.

플라스틱 뚜껑을 막대 아이스크림의 받침으로 활용

플라스틱 뚜껑에 막대 폭보다 작게 칼집을 넣어 막대 아이스크림을 끼우면 아이가 아이스크림을 먹을 때 옷이나 바닥이 더러워지지 않는다.

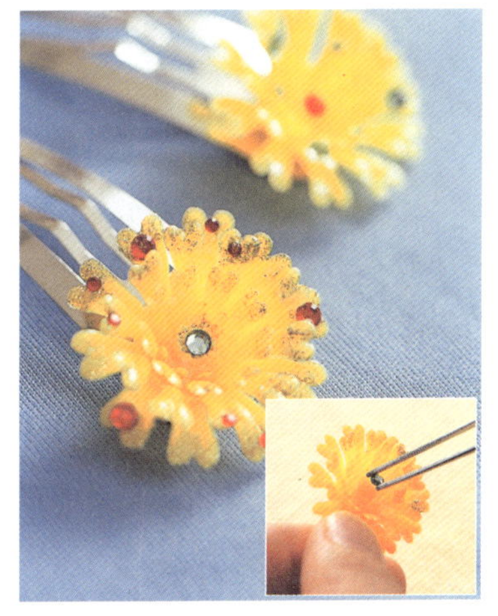

플라스틱 국화로 헤어핀을 만든다

포장 생선회 등에 쓰이는 플라스틱 국화에 매니큐어를 바르고 라인스톤으로 장식한 뒤 순간 접착제를 이용해 똑딱 핀에 붙이면 훌륭한 헤어 액세서리가 완성된다.

다 쓴 건전지를 꺼내서 양손으로 문지른다

리모컨의 건전지가 닳아 버렸는데 새 것이 없을 때 활용할 수 있는 방법. 건전지를 꺼내서 양극과 음극이 서로 반대쪽에 오도록 놓은 다음 양손으로 10~15초간 문지르면 한동안 더 사용할 수 있다.

쓰러져도 끄떡없는 분유통으로 만든 휴지통

분유통 뚜껑에 칼로 방사상의 칼집을 넣어 휴지통으로 이용하면 휴지통이 넘어져도 쓰레기가 바닥에 떨어지지 않는다. 쓰레기를 버릴 때는 방사상의 칼집 안쪽으로 밀어 넣으면 된다.

우유팩으로 의자 만들기

방수 처리된 튼튼한 종이로 만들어진 우유팩은 최고의 재활용 아이템이다. 우유팩 의자를 만드는 데 필요한 준비물은 빈 우유팩 64개, 큼직한 골판지 상자 1개, 가위, 칼, 스테이플러, 셀로판 테이프이다.

1. 깨끗이 씻어서 말린 우유팩의 윗부분을 벌린 다음 칼로 한쪽 옆면을 자른다. 이음매 부분이 자르기 쉽다.

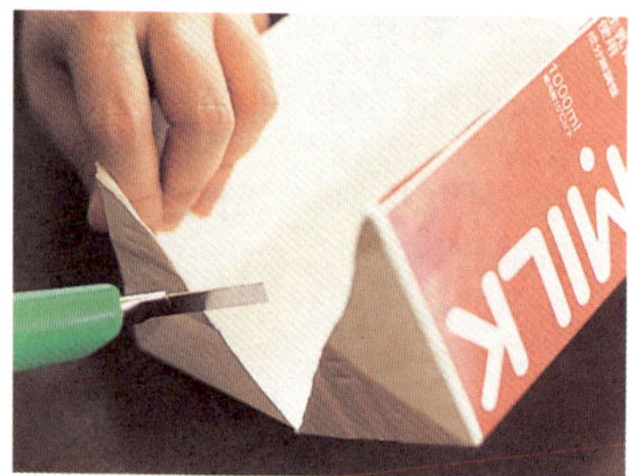

2. 바닥면은 대각선으로 자른다. 삼각형 모양의 바닥면 2개를 각각 반으로 잘라 4개의 삼각형을 만든다.

3. 윗부분도 가위를 이용하여 아래쪽과 같이 삼각형 4개가 만들어지도록 자른다.

4. 이것으로 의자의 주재료인 삼각 기둥을 만든다. 우유를 마실 때마다 이렇게 만들어 두면 우유팩이 늘어나도 많은 공간을 차지하지 않고, 작업 속도도 빨라진다.

5. 4개의 면 중 1개의 면을 겹쳐서 삼각 기둥을 만든다. 겹친 부분은 스테이플러나 셀로판 테이프로 임시 고정해 둔다.

6. 위쪽과 아래쪽 면의 삼각형은 뚜껑을 덮듯이 겹쳐 놓는다. 우유팩을 세워 놓으면 작업하기 쉽다.

7. 위쪽과 아래쪽 면을 테이프로 고정하여 삼각 기둥을 완성한다. 64개 중 9개는 의자 등받이 접착용으로 삼각형 한 면을 붙이지 않고 남겨 둔다.

8. 의자 받침대로 47개를 사용한다. 삼각 기둥 9개로 1열, 11개로 1열을 각각 2개씩 만든다.

9. ⑦에서 한 면을 붙이지 않고 남겨 둔 9개는 7개 열의 양끝과 이어지는 3개 면에, 그리고 9개와 11개 열 각 1개씩의 양끝에 붙인다.

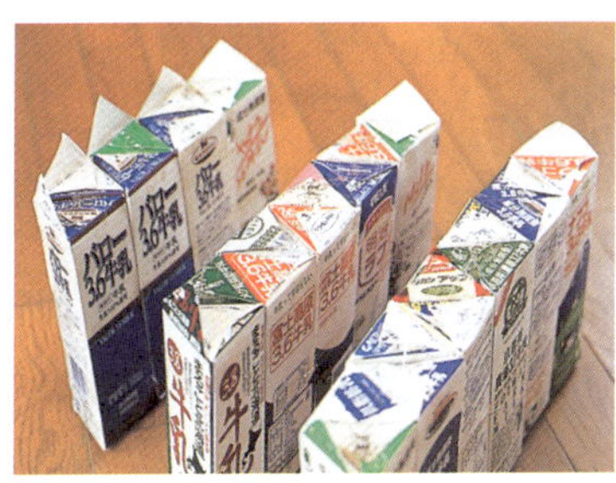

10. 완성된 7개, 9개×2, 11개×2의 5개 열을 각각 테이프로 둘둘 감아 고정한다.

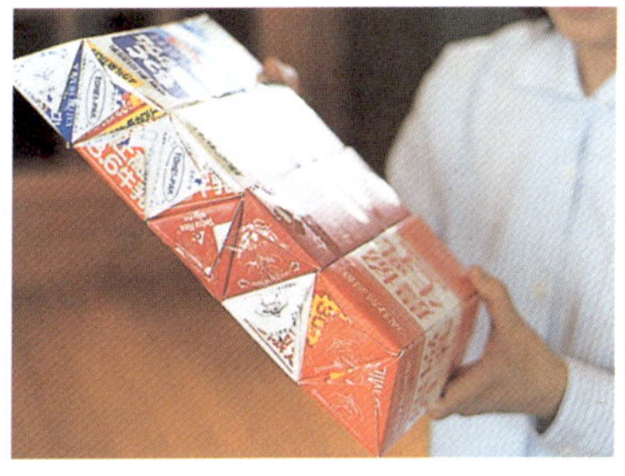

11. 이것이 9개 열. 다른 열과 함께 조합하여 세우면 의자 받침대가 된다. 우유팩을 펼쳐 놓으면 약 1시간 정도가 걸린다.

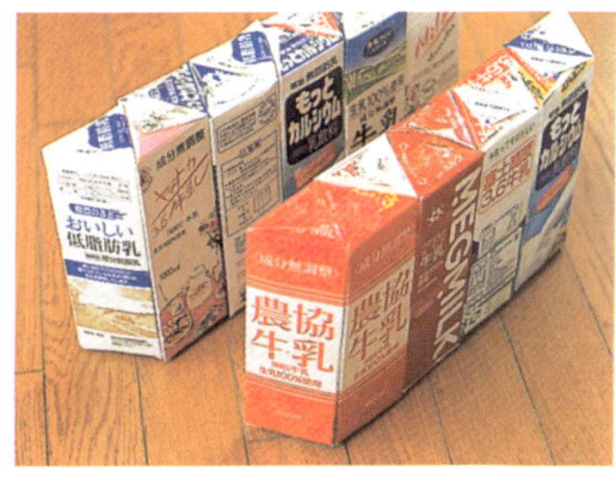

12. 삼각형 1면을 남긴 우유팩을 붙인 열을 7개, 9개, 11개의 순서로 세운 다음 삼각형 한 면을 남기지 않은 팩을 11개, 9개의 순서로 세운다.

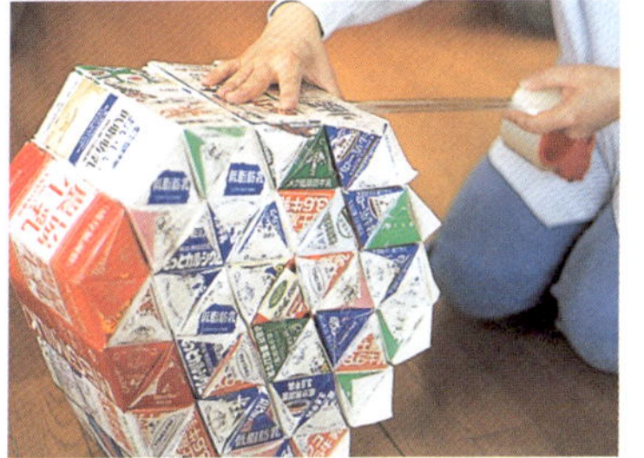

13. 열을 잘 맞춘 다음 폭이 넓은 테이프로 전체를 둘둘 감아 단단히 고정한다.

14. 남은 17개는 등받이용. 삼각형 한 면을 남긴 팩 위에 얹을 수 있도록 모양을 만들어 테이프로 고정한다.

15. 받침대에 등받이를 얹은 다음 폭이 넓은 테이프로 안쪽을 단단히 고정한다.

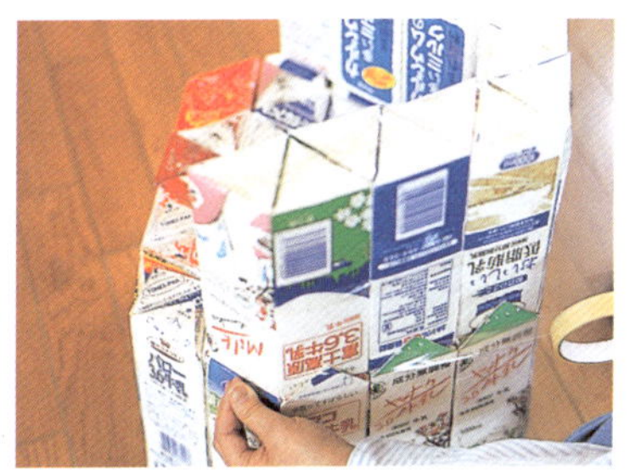

16. 바깥쪽은 받침대를 만들 때 남겨 둔 삼각형 부분을 등받이의 연결 부분으로 삼으면 의자가 더욱 튼튼하다.

18. 골판지 상자를 씌워 보강한다. 연필로 의자의 본을 떠서 잘라 낸다. 천 커버를 씌울 것이기 때문에 완벽하게 들어맞지 않아도 상관없다.

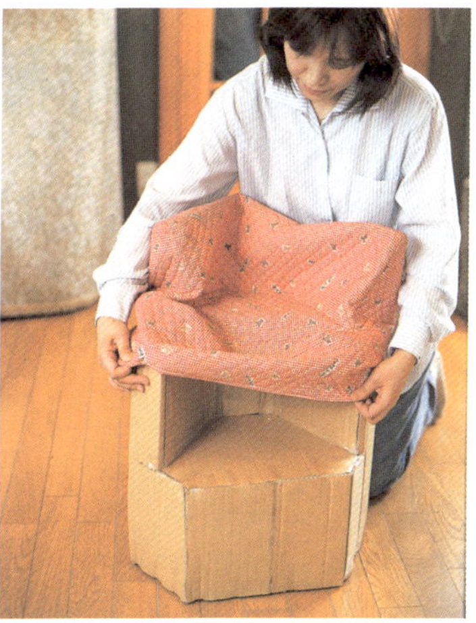

19. 골판지로 종이 본을 떠서 퀼팅 천으로 만든 커버를 씌운다. 어른이 앉아도 부서지지 않는 우유팩 재활용 의자가 완성.

17. 기본 우유팩 의자가 완성되었다. 이 상태로도 충분히 앉을 수 있지만 커버를 씌우면 던져도 부서지지 않을 만큼 더욱 튼튼해진다.

광고지로 일회용 휴지통 만들기

광고지를 접어 젖은 쓰레기나 과일 껍질 등을 버릴 수 있는 일회용 휴지통을 만들어 두면 주방에서 요긴하게 활용할 수 있다.

1. 광고지를 2회 접어 금을 만든다.

2. 봉투 모양으로 접는다.

3. 뒤집어서 반대쪽도 봉투 모양으로 접는다.

4. 앞쪽의 한 장을 반대쪽으로 넘긴다. 뒤집어서 반대쪽으로 넘긴다.

5. 좌우 모두 가운데의 금에 맞춰 접는다.

6. 뒤집어서 반대쪽도 가운데의 금에 맞춰 접는다.

7. 아래쪽을 위로 접어 올린다. 뒤집어서 반대쪽도 위로 접어 올린다. 이 상태로 모아 두면 된다.

8. 접어 올린 부분을 양손으로 잡고 살짝 펼치면 일회용 휴지통 완성.

9. 접은 부분을 펴면 손잡이가 달린 휴지통이 완성된다.

* 지폐를 2회 접어 넣을 때는 사방 15cm의 종이가 가장 적당하다. 종이를 정사각형으로 자르면 어떤 크기의 봉투든 자유자재로 만들 수 있다.

포장지로 재활용 봉투 만들기

포장지를 이용해 세뱃돈이나 사례금 등을 넣을 수 있는 봉투를 만들 수 있다. 상대와 어울리는 포장지를 선택해서 정성스레 만드는 것만으로도 마음을 전할 수 있다. 큼직하게 만들면 카드 봉투로도 사용할 수 있다.

1. 포장지를 사방 15cm로 자른다. 모양이 있는 면이 바깥쪽에 오도록 한다. 대각선으로 한 번 접은 다음 금에 맞춰 좌우를 마주보게 접는다.

2. 뒤집어서 위아래 모서리를 맞춰 접는다.

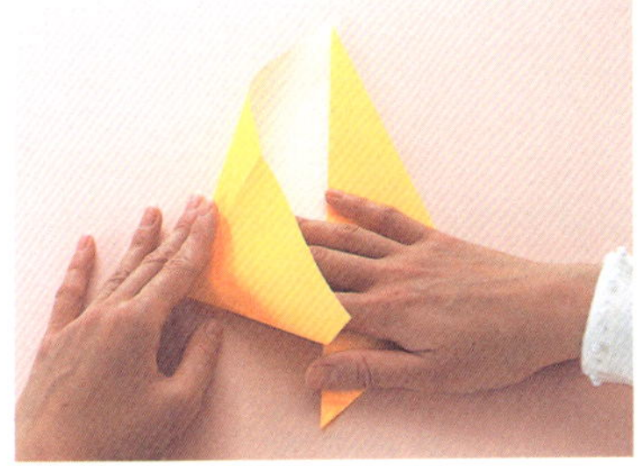

3. 다시 뒤집어서 오른쪽을 펼치면서 중앙선을 따라 접는다. 왼쪽도 마찬가지다.

4. 위쪽에 겹쳐져 있는 부분의 밑에 있는 삼각형을 아래쪽으로 내려 접는다.

5. 뒤집어서 중앙의 삼각형을 좌우로 잡아당긴다. 아랫변과 뒤쪽 삼각형의 변이 맞춰지도록 하면서 위아래 모서리를 맞춰 접는다.

6. 삼각형 양끝의 돌출된 부분을 앞쪽으로 접는다.

7. 앞쪽의 겹쳐진 부분을 누르면서 뒤쪽 삼각형을 펼친다.

8. 앞쪽의 삼각형을 겹쳐진 부분을 잡고 있는 손가락 쪽으로 접는다.

9. 접은 삼각형의 정점을 겹쳐진 부분의 안쪽으로 접어 넣는다.

10. 뚜껑의 모서리도 ⑨번처럼 안쪽으로 접어 넣으면 봉투가 완성된다.

재봉질이 쉬워지는 노하우

옷을 알뜰하게 수선해 입는 것도 재활용이라 할 수 있다. 서투른 재봉질이 쉬워질 수 있도록 여러 가지 아이디어를 모았다.

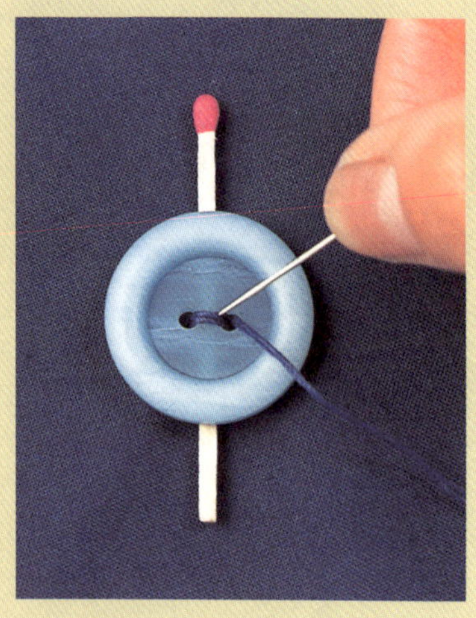

단추를 달 때는 성냥개비를 댄다

단추는 천에 너무 밀착되지 않게 다는 것이 좋다. 천과 단추 사이에 성냥개비 한 개를 넣어 바느질하는 것이다. 이 상태에서 단단히 단추를 달고 마지막에 성냥개비를 뽑아 낸다.

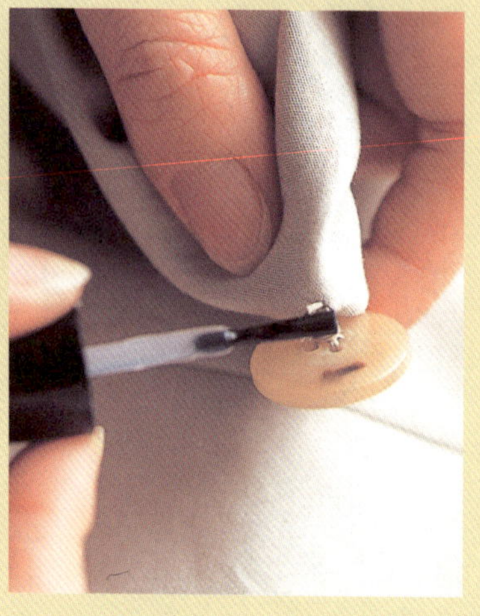

실이 풀리지 않게 매니큐어를 칠한다

끼웠다 빼기를 반복하는 단추는 실이 풀어져 떨어지는 경우가 많다. 이때는 단추 뒷면의 바느질한 부분에 투명 매니큐어를 칠하여 보강하면 실이 잘 풀리지 않는다. 옷자락 등의 매듭 부분에도 응용할 수 있다.

얇은 천에 단추를 달 때는 매니큐어를 이용

블라우스처럼 얇은 천에 단추를 달 때는 먼저 단추를 달 부분에 투명 매니큐어를 한 방울 떨어뜨린 다음 마른 뒤에 바느질하면 훨씬 수월하다. 매니큐어 막 덕분에 실도 잘 풀리지 않는다.

타월 천에 재봉틀을 돌릴 때는 광고지를 이용

타월 천을 재봉질할 때는 루프 때문에 재봉틀 바늘이 앞으로 나아가지 못한다. 이때는 천 위에 광고지를 한 장 얹은 다음 재봉틀을 돌리면 문제가 해결된다. 바느질이 끝나면 광고지를 찢어서 빼낸다.

신축성 있는 천을 재봉질할 때는 테이프를 붙여 둔다

저지와 같이 신축성 있는 천을 재봉질할 때는 시접을 따라 미리 테이프를 붙여 두는 것이 좋다. 테이프가 천을 눌러 주어 바늘의 움직임에 따라 천이 늘어나거나 줄어들지 않는다.

움직임이 많은 스커트의 슬릿 부분에 네임 테이프를 붙여 둔다

스커트의 슬릿 부분에 네임 테이프를 붙여 두면 실이 잘 풀리지 않는다. 슬릿이 손상되기 전에 미리 보강해 두는 것이 포인트. 떨어지기 쉬운 부분에 테이프를 가로로 길게 붙인 다음 다림질한다.

PART 11 | 식물 재배

GARDENING

작은 야채 조각도 지혜를 발휘하여 정성스럽게 가꾸면 싹을 틔워 우리의 눈과

입을 즐겁게 해 준다. 이번 장에는 재배 도구에 관한 아이디어와 식물을 싱싱

하게 기르는 요령 등을 모아 놓았다.

친숙한 생활 용품 활용하기

GARDENING

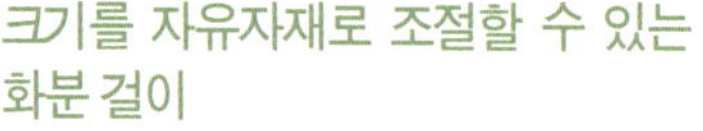

크기를 자유자재로 조절할 수 있는 화분 걸이

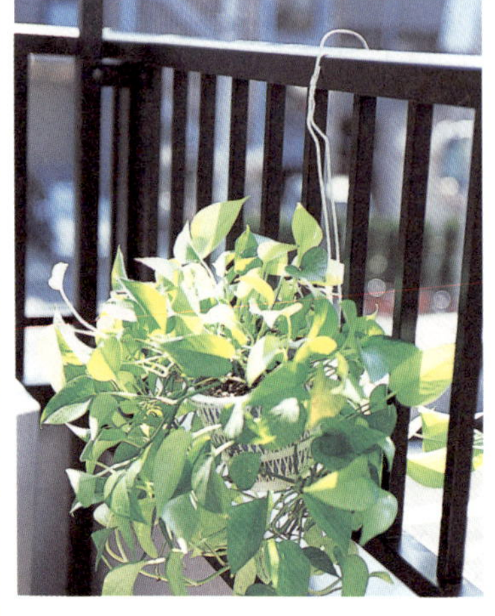

베란다의 철책에 식물을 장식하고 싶을 때는 철사 옷걸이의 아랫부분을 잡아당겨서 늘인 다음 화분의 크기에 맞춰 직각으로 구부린다. 화분과 옷걸이를 철사로 단단히 고정하여 손잡이를 베란다에 건다.

손잡이가 달린 페트병으로 만드는 모종삽

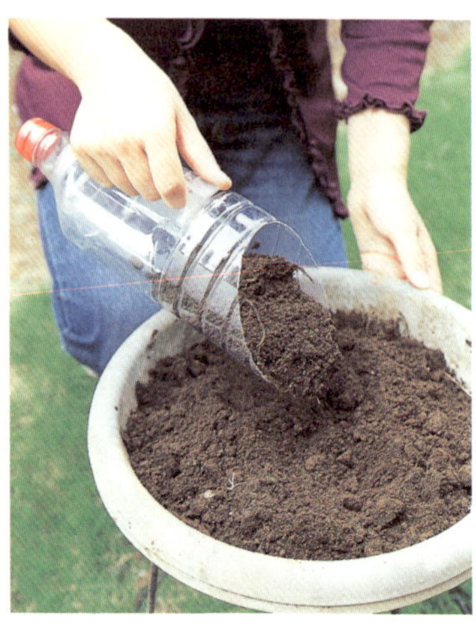

손잡이가 달린 대용량 페트병(기름병, 소주병 등)으로 모종삽을 만들 수 있다. 손잡이가 달려 있는 쪽이 위로 오도록 페트병의 아랫부분을 칼로 비스듬히 자르면 된다. 까칠까칠한 단면은 라이터 등의 열로 지져서 처리한다.

페트병으로 만드는 자동 급수기

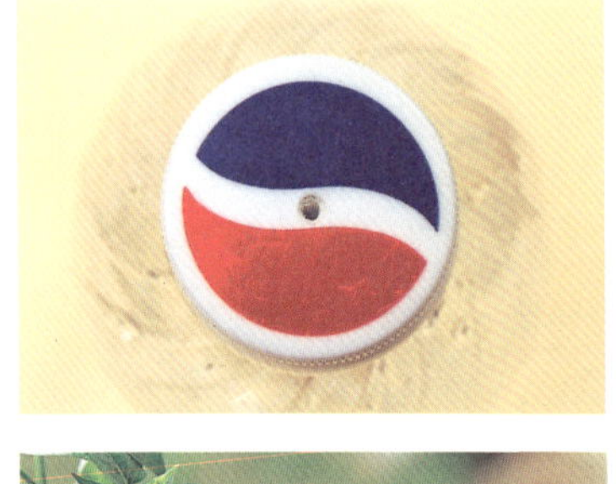

여행이나 출장, 집안 행사 등으로 며칠간 집을 비울 때 가장 걱정되는 것이 바로 식물의 물 주기다. 이때는 페트병 뚜껑에 송곳과 같은 뾰족한 것을 이용해 연필 심 정도 굵기의 구멍을 뚫은 다음 물을 붓고 거꾸로 세워 흙 속에 꽂아 두면 된다.

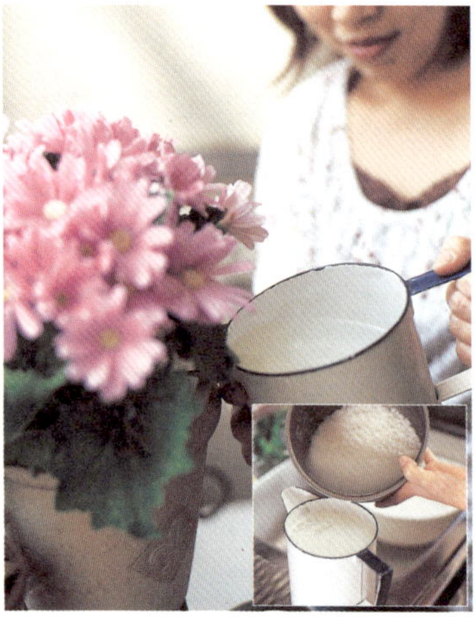

쌀뜨물의 유분이 식물에 영양을 공급

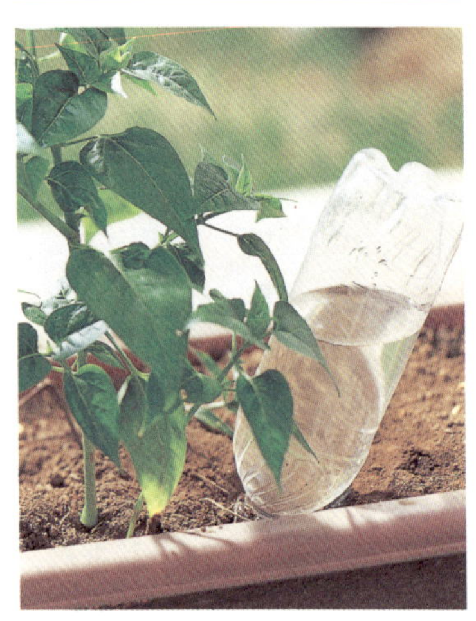

쌀뜨물에 함유된 유분에는 비료와 같은 영양소가 들어 있다. 생활 폐수가 될 수밖에 없는 쌀뜨물을 물 대신 식물에 뿌리면 친환경적이고, 식물도 더 빨리 자라 일석이조.

두부 팩 화분으로 베란다에 미니 텃밭을 만든다

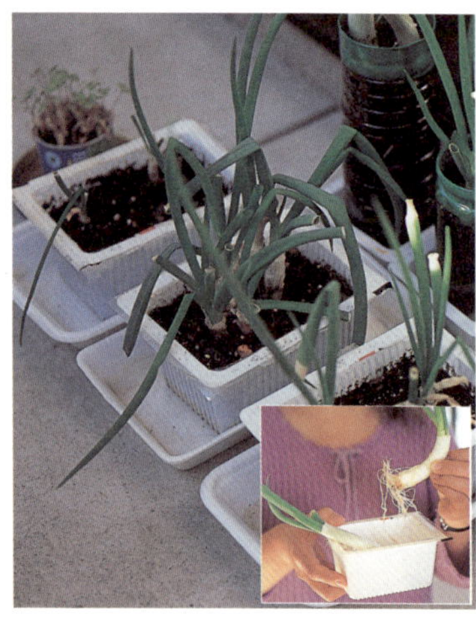

속이 깊은 두부 팩 바닥에 구멍을 몇 군데 뚫고 배양토를 넣는다. 화분 받침으로는 재활용 스티로폼 등을 사용한다. 이렇게 하면 베란다에서도 파, 당근, 쑥갓, 방울토마토 등을 재배할 수 있다.

아이스크림 막대를 이름표로 활용

아이스크림의 막대를 잘 씻어 말려서 화분이나 텃밭에 씨를 뿌리거나 구근을 심을 때 식물의 이름을 써서 꽂아 두면 어디에 무엇을 심었는지 한눈에 알 수 있어 손질하기 쉽다. 나무로 된 아이스크림 스푼도 OK.

마시고 남은 맥주로 관엽 식물의 잎을 닦는다

마시고 남은 김 빠진 맥주로 관엽 식물의 잎을 닦아 보자. 천에 맥주를 묻혀 잎 표면을 가볍게 문지르면 알코올 성분이 먼지를 제거해 주어 잎에서 반짝반짝 윤이 난다.

▲ 아무것도 넣지 않은 물, 10원짜리 동전을 넣은 물, 표백제를 첨가한 물 비교

▼ 일주일 뒤, 표백제를 첨가한 물에 담가 둔 꽃가지는 싱싱하지만 다른 컵에 담긴 꽃들은 시들어 있다.

손잡이 달린 용기가 물뿌리개로 변신

섬유 유연제나 표백제 용기에는 손잡이가 달려 있어서 무거운 물을 담아 운반하는 데 편리하다. 송곳을 이용해 뚜껑에 몇 군데 구멍을 뚫어 물뿌리개로 이용하면 된다.

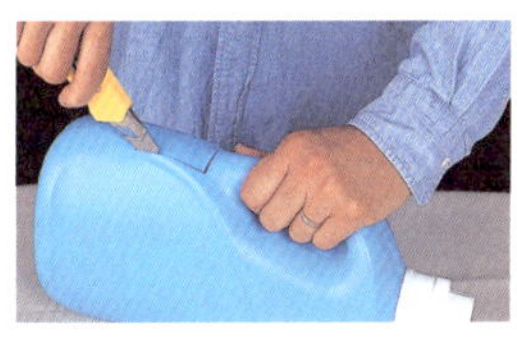

▲ 빈 용기를 꽉 잡고 손잡이 아랫부분을 직사각형으로 잘라 낸다. 이 구멍을 통해 물을 받는다.
▼ 뚜껑 가운데에 구멍을 1개 뚫은 뒤그 구멍을 중심으로 방사형으로 여러 개의 구멍을 뚫는다.

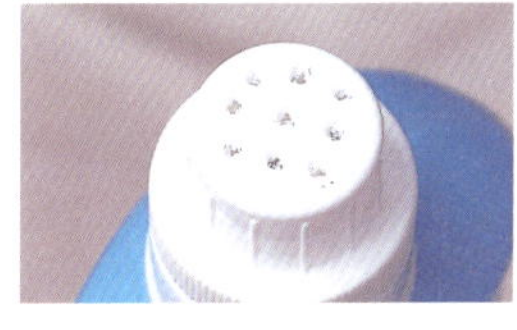

꽃을 꽂을 때는 표백제를 몇 방울 떨어뜨린다

물에 표백제를 몇 방울 떨어뜨리면 잘라 낸 꽃가지가 평소보다 오래 간다. 반 컵 분량의 물에 쌀뜨물 몇 방울로 충분하다. 표백제의 살균 작용으로 꽃가지가 쉽게 썩지 않는다. 물을 자주 갈아줄 것.

이제부터는 요리에 사용하고 남은 당근 꼭지나 파뿌리, 싹이 난 양파도 버리지 말고 주방에서 수경 재배해 보자. 일반적으로 먹지 않는 부분도 물에 담가 두면 3~4회 정도는 요리에 쓸 수 있는 야채로 자란다.

[당근]

싹이 나올 때까지 시간은 걸리지만 일단 발아하면 빨리 성장한다. 잎은 샐러드나 수프를 장식하는 데 사용한다.

꼭지는 1㎝ 이상의 두께를 남기고 잘라야 잎이 오래 간다.

2~3㎝ 이상 깊이의 용기에 놓고 꼭지가 공기와 접촉할 수 있도록 물을 붓는다. 물이 마르지 않도록 주의한다.

[무]

안쪽에서 계속 새 잎이 자라난다. 카로틴이 풍부하며, 된장국이나 볶음 요리 등에 사용한다.

꼭지 부분을 1.5~2㎝ 두께로 자른다. 잎이 남아 있으면 5㎝ 정도로 자른다.

4~5㎝ 이상 깊이의 용기에 넣고 꼭지의 절반 정도가 잠기도록 물을 붓는다.

[세잎 나물 또는 미나리]

뿌리를 남겨 두기만 하면 쉽게 자라는 야채의 하나. 구입해서 바로 밑동을 자르는 것이 포인트.

밑동을 4~5㎝ 이상 남기고 자른다. 스펀지가 붙어 있을 때는 물을 흡수하도록 그대로 둔다.

컵에 꽂은 다음 뿌리가 반 정도 잠길 때까지 물을 붓는다. 춥지 않으면 1~2일 사이에 새 잎이 나온다.

[파]	[양파]	[마늘]

튼튼해서 재배하기가 쉽다. 잘라도 금방 자라므로 3~4회 정도 수확이 가능하다.	싹이 난 양파에서 자란 잎은 파로 쓸 수 있다. 3~4회 정도는 수확이 가능하다.	싹이 난 마늘을 이용한다. 15㎝ 정도가 되면 수확하여 볶음 요리 등에 이용한다.
		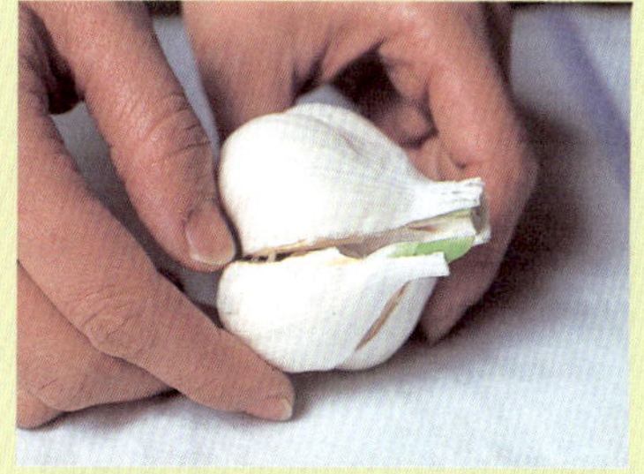
밑동을 5㎝ 남기고 자른다. 잎은 상하기 쉬우므로 랩에 싸서 냉장 보관하고, 가능하면 빨리 먹는다.	뿌리는 자르지 않는다. 뿌리를 물에 담그면 3~4일 뒤에 싹이 나기 시작한다.	싹이 난 것만 떼어 낸다. 전체적으로 싹이 나 있으면 통째로 사용한다.

무를 컵에 꽂은 다음 뿌리가 잠길 정도의 물을 붓는다. 뿌리를 펴 주면 수분을 더 잘 흡수한다.	컵이나 빈 병에 물을 부은 다음 양파를 얹는다. 잎이 20㎝ 정도 자라면 수확할 수 있다.	용기에 넣고 물을 1~2㎝ 정도 붓는다. 뿌리가 나오면 물을 충분히 보충해 준다.

우동 삶은 물을 제초제로 사용

우동이나 파스타 삶은 물을 뜨거울 때 제초하고
싶은 곳에 뿌린다. 2~3일이면 잡초가 제거된다.
다른 야채를 삶은 물도 뜨거울 때 사용하면 제초
효과가 있다.

우유팩 헹군 물로 진딧물을 퇴치

우유는 진딧물 퇴치에 위력을 발휘한다. 우유의
끈끈한 성분이 진딧물을 움직이지 못하게 하기
때문이다. 다 마신 우유팩에 물을 약간 붓고 흔
든 다음 식물의 잎과 줄기에 뿌린다.

식초 물로 해충과 질병을 예방

물 500㎖에 식초 50㎖를 첨가한 식초 물로 채소
와 허브 등의 병충해를 예방한다. 분무기를 이용
하여 잎과 꽃 뒷면까지 골고루 뿌려 주면 진딧물
과 백분병 등을 퇴치하는 효과가 있으며, 생장도
활발해진다.

다 쓴 제습제를 제초제로 활용

시판되는 제습제는 녹아서 물이 되면 대부분 버
려진다. 그러나 이 물을 그대로 잡초에 뿌리면
제초제 역할을 한다. 2배로 희석해서 사용해도
효과가 있다.

차 찌꺼기로 식물에 영양을 공급하고 해충을 퇴치

식물에게 있어 질소 성분은 매우 중요하다. 단
백질이 함유되어 있는 차 찌꺼기를 텃밭의 채소
밑동에 뿌려 주면 생장이 활발해지고, 해충이
감소한다. 차 찌꺼기를 볶아서 뿌리면 더욱 효
과적이다.